·我爱动物园·

最美最美的博物书

[韩]柳贤美 著　[韩]李愚晚 绘　赵莹 译　齐硕 审校

中信出版集团 | 北京

图书在版编目（CIP）数据

我爱动物园 / （韩）柳贤美著 ；（韩）李愚晚绘 ；
赵莹译 . -- 北京 ：中信出版社，2025. 2. -- （最美最
美的博物书）. -- ISBN 978-7-5217-7087-2

Ⅰ. Q95-49

中国国家版本馆 CIP 数据核字第 20254DX122 号

我爱动物园
（最美最美的博物书）

著　　者：[韩]柳贤美
绘　　者：[韩]李愚晚
译　　者：赵　莹
出版发行：中信出版集团股份有限公司
　　　　　（北京市朝阳区东三环北路 27 号嘉铭中心　邮编　100020）
承 印 者：北京中科印刷有限公司

开　　本：889mm×1194mm　1/16　　　印　张：20　　　字　数：370 千字
版　　次：2025 年 2 月第 1 版　　　　　印　次：2025 年 2 月第 1 次印刷
书　　号：ISBN 978-7-5217-7087-2　　京权图字：01-2012-7960
定　　价：146.00 元（全 5 册）

出　　品　中信童书
图书策划　巨眼
策划编辑　刘杨　崔宴彬　陈瑜
责任编辑　郑夏蕾
营　　销　中信童书营销中心
装帧设计　佟坤

出版发行　中信出版集团股份有限公司

服务热线：400-600-8099　网上订购：zxcbs.tmall.com
官方微博：weibo.com/citicpub　官方微信：中信出版集团
官方网站：www.press.citic

说明　本书介绍了生活在动物园中的 38 种动物。
配图均为动物园中的写生作品。

目录 ▸ ▸ ▸

细尾獴 26　　　狮子 28　　　猎豹 30

美洲狮 31　　　大象 32　　　斑马 34

犀牛 36　　　美洲野牛 38　　　梅花鹿 40

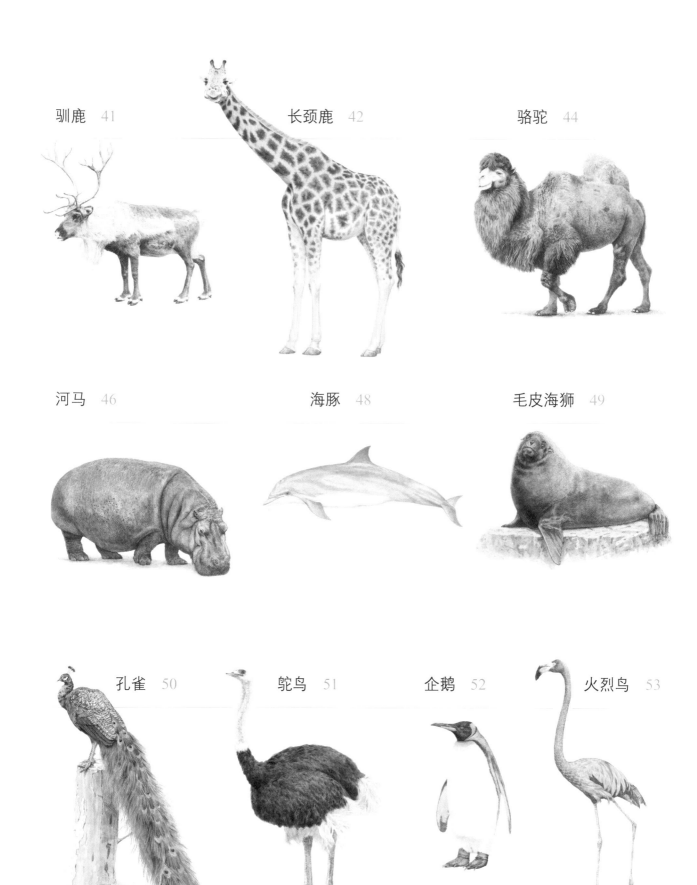

驯鹿　41

长颈鹿　42

骆驼　44

河马　46

海豚　48

毛皮海狮　49

孔雀　50

鸵鸟　51

企鹅　52

火烈鸟　53

袋鼠

Kangaroo

分类：哺乳纲袋鼠科
栖息地：澳大利亚中南部的沙漠或草原
食物：草、树叶、水果等
繁衍：一年 1 ~ 2 次，一次产 1 只
寿命：15 ~ 20 年

袋鼠生活在澳大利亚。它们的后腿强健有力，跳跃的样子像踩在弹簧上，可以轻松越过一面墙。它们一跃甚至能跳到 10 米之外。

刚出生的袋鼠宝宝只有蚕豆那么大，体重还不到 2 克。幼崽一出生就会爬进妈妈的育儿袋中。妈妈会用舌头在育儿袋的下方舔出一条"小路"，袋鼠宝宝就顺着这条路爬过去。它循着妈妈口水的气味，要花上 1 个小时左右的时间才能爬进育儿袋。出生后 6 ~ 8 个月内，袋鼠宝宝都在妈妈的育儿袋中生活，之后才会离开育儿袋到外面生存。

红袋鼠

前腿很短，后腿长且粗壮，尾巴又粗又长。雄性红袋鼠的毛是红色的，雌性红袋鼠的毛则是蓝灰色。
体长 100 ~ 160 厘米，尾长 90 ~ 110 厘米，体重 90 千克

雄性袋鼠在嬉戏时用前腿打闹，打架时则会尾巴撑地，用后腿互相踢打。如果仍然分不出胜负，还会用嘴撕咬对方。

雌性袋鼠的肚子上有育儿袋，袋中有 4 个乳头。这类在袋中喂养幼崽的动物又被称为有袋类哺乳动物。树袋熊也属于有袋类。

kangaroo一词源于澳大利亚土著的语言。据说，当时白种人第一次看到袋鼠时问这是什么动物，听不懂白人语言的土著回答"听不懂"，其实就是kangaroo一词的发音。

二趾树懒
前肢有两趾，后肢有三趾，全身长满长毛。
体长 60 ~ 70 厘米，体重 4 ~ 8 千克

树懒

Sloth

分类：哺乳纲贫齿总目树懒科
栖息地：中南美洲热带雨林
食物：新芽、树叶、果实等
繁衍：一年产 1 只
寿命：10 ~ 20 年

树懒是生活在树上的懒蛋，所以取名"树懒"。它们用钩子一样的爪子挂在树上生活，连繁育后代时都是采用倒挂的姿势，只有每周一次大便时才会下树。它们在地上无法自如地行走，但擅长游泳和潜水。

树懒每天的睡眠时间长达十几个小时，只在夜间才稍微活动一下。它们的牙齿较弱，消化机能差，一次吃下去的东西要用一周来消化。一只吃饱了的树懒胃的重量约占全部体重的 2/3。动物园主要给它们喂食蔬菜、水果和蒸鸡蛋。

armadillo 来自西班牙语，意为"穿铠甲的小东西"。它们全身长满了铠甲般的骨质甲片，这些骨质甲片从出生时起就伴随着它们。犰狳很胆小，一旦察觉到危险就会找洞钻进去，也会自己打洞。遇到紧急情况时，它会蜷起身体一动不动。但在动物园里，它们也会把肚子亮出来，直挺挺地躺着睡觉。

犰狳是夜行性动物，通常在夜里外出觅食。当食物供不应求时，它们也会在白天出来活动。

犰狳

Armadillo

分类：哺乳纲贫齿总目犰狳科
栖息地：南美洲及北美洲南部的热带草原和干旱贫瘠地带
食物：蚂蚁、蜘蛛、草、水果、树根、玉米、动物尸体等
繁衍：一年 1 次，一次产 1 ～ 4 只
寿命：12 ～ 15 年

六带犰狳

形如其名，它们的背上有 6 ～ 8 条带状鳞甲，也叫黄犰狳。
体长 40 ～ 50 厘米，体重 3 ～ 6 千克

三带犰狳

后背有 3 条带状鳞甲，遇到天敌时将身体蜷成一团。

食蚁兽

Anteater

分类：哺乳纲贫齿总目食蚁兽科
栖息地：中南美洲的森林和草原
食物：白蚁、蚂蚁等
繁衍：一年产 1 只
寿命：10 ～ 25 年

食蚁兽以蚂蚁为食，因此得名。它们没有牙齿，嘴很小，舌头可来回伸缩。食蚁兽通过闻气味寻觅蚁洞，然后用有力的前爪将洞挖开一些，再将舌头伸进去。它们的舌头像蚯蚓一样又细又长，上面满是黏液，蚂蚁很容易粘在上面。食蚁兽的舌头可在一秒内伸缩两到三次。大食蚁兽每天可吃下约 3 万只蚂蚁。

食蚁兽习惯独居。大食蚁兽不挖洞，在草原上随处居住，睡觉时会将长有浓密长毛的尾巴盖在身上。

大食蚁兽
是食蚁兽中体形最大的。尾巴很长，毛很浓密。前爪弯曲，用指背走路。
体长 100 ～ 120 厘米，尾长 60 ～ 90 厘米，体重 20 ～ 40 千克

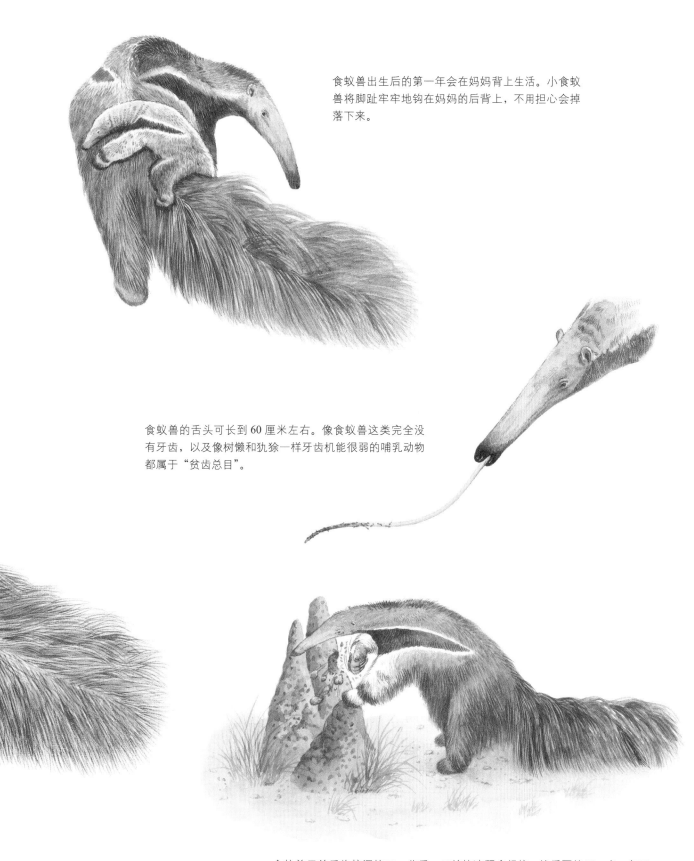

食蚁兽出生后的第一年会在妈妈背上生活。小食蚁兽将脚趾牢牢地钩在妈妈的后背上，不用担心会掉落下来。

食蚁兽的舌头可长到 60 厘米左右。像食蚁兽这类完全没有牙齿，以及像树懒和犰狳一样牙齿机能很弱的哺乳动物都属于"贫齿总目"。

食蚁兽用前爪将蚁洞挖开一些后，开始快速舔食蚂蚁，然后再挖开一点，每天可破坏大概 40 个蚁洞。在动物园中，饲养员会将牛肉和水果切碎，拌上牛奶和蜂蜜喂食它们。食蚁兽会用舌尖将食物卷进口中。

猴子

Monkey

分类：哺乳纲灵长目
栖息地：热带或亚热带地区
食物：果实、树叶、鸟蛋、昆虫等
繁衍：一年 1 ～ 2 次，一次产 1 只

　　猴子和人类的共同点有很多：比如好奇心重，聪明；和人一样有 5 根手指和 5 根脚趾，会用手抓东西；手指上有指纹。猴子主要生活在树上，有些种类喜欢用长尾巴卷住树枝倒挂在上面。

　　日本猕猴是世界上自然分布最靠北的猴子，它们群居在日本北部的树林中，下雪时会捏雪球打雪仗，也懂得用水清洗食物，猴妈妈还会给宝宝梳毛。

日本猕猴
脸和屁股是红色的。幼儿时期毛色较深，成年后逐渐变浅。
体长 50 ～ 90 厘米，尾长 7 ～ 12 厘米，体重 8 ～ 20 千克

松鼠猴

体长 30 厘米左右，属于小型猴类。尾巴比身体长出许多，在树上能像松鼠一般来去自如，就算背着幼崽也一样。它们生活在南美洲亚马孙河沿岸的树林中。

日本猕猴在寒冷的冬季也频繁活动，还会像人一样去热腾腾的温泉中休息。

猩猩全身长满红色长毛，没有尾巴。
雄性脸周有赘肉。
体长 110 ~ 140 厘米，体重 40 ~ 100 千克

猩猩利用长臂在树林里穿
梭。它们会先尝试挂在树枝
上，检验树枝是否会折断。

猩猩

Orangutan

分类：哺乳纲灵长目人科
栖息地：苏门答腊及加里曼丹岛的热
带雨林
食物：果实、花朵、树皮、蚂蚁、
鸟蛋等
繁衍：每 6 ~ 7 年产 1 只
寿命：45 ~ 60 年

orangutan 一词源自马来语，意为"在树林中生活的
人"。它们只生活在苏门答腊及加里曼丹岛的热带雨林中，
一辈子都生活在树上，摘食大量果实，有时还将吃不完的
果实藏于树洞中，留到以后再吃。夜晚它们在用树枝做的
床上睡觉，每天会自己搭建新床。

在动物园中，饲养员会给它们瓶装水和酸奶，它们懂
得如何打开瓶盖，可见其好奇心强烈且拥有较高智商。

大猩猩属灵长目中体形最庞大的一种，平时性情温顺，被激怒时十分凶猛。它们只以树叶、果实等为食，幼年时期常常爬树，长大后由于体形过大，多在地面上活动。群体首领通常是队伍里体形最高大、最有力气的那只。

大猩猩与黑猩猩一样懂得使用工具。它们过河时会用棍子试探水位深浅，如果水已经漫到胸部，棍子又触不到底，大猩猩便会折回。

大猩猩

Gorilla

分类：哺乳纲灵长目人科
栖息地：非洲中西部热带雨林
食物：树叶、树枝、果实、蘑菇、蕨类等
繁衍：每 3 ~ 4 年产 1 只
寿命：30 ~ 50 年

西部低地大猩猩
鼻孔特别大。走路时用趾背着地。没有尾巴。
体长 140 ~ 180 厘米，体重 60 ~ 200 千克

黑猩猩

Chimpanzee

分类：哺乳纲灵长目人科
栖息地：非洲中西部热带雨林
食物：树叶、果实、花朵、蚂蚁、鸟等
繁衍：每5～6年产1只
寿命：35～45年

黑猩猩懂得使用工具。它们会在树枝上涂满唾液捕捉蚂蚁，也会用石头砸碎坚硬的果壳取食里面的果肉。黑猩猩群居于非洲森林，通常同党最多、最伶俐的那只会成为首领。有时它们会一起猎杀猴子，然后分食。在发情期，雌性黑猩猩的屁股会肿胀起来。雌性黑猩猩有时会加入其他族群。

动物园中的黑猩猩夫妇偶尔会打架，但马上又和好，互相拥抱，枕着对方的胳膊睡觉。

全身长满黑色毛发。
手臂比腿长出许多。身短，无尾。
体长70～120厘米，体重30～70千克

黑猩猩懂得使用工具。它们折下树枝后会去掉树叶，在上面涂满口水，然后伸进蚁洞里，舔食粘在上面的蚂蚁及其幼虫，还会用树叶盛水喝。

高兴时

不满意或害怕时

生气时

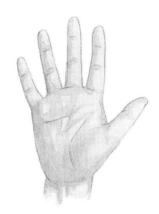

人的手

黑猩猩的手

黑猩猩可以做出与人类似的表情。它们开心时会握手、拥抱，还会亲吻。手也与人的相似。

北极熊

Polar Bear

别名：白熊
分类：哺乳纲食肉目熊科
栖息地：北极冰川地带及冻土地带
食物：海豹、海狗、海豚、鱼、驯鹿、鸟、果实、海藻等
繁衍：两三年1次，一次产1～2只
寿命：25～30年

由于主要生活在北极，故名北极熊。北极熊是凶猛的猎手，因为毛色雪白，在冰雪覆盖的地区很难被发觉。北极熊皮毛厚实，在凛冽的风中也不会感到寒冷。它还是游泳健将。它的脚掌上长满毛发，可以在冰上自由行走，而不易滑倒。

北极熊可以长时间守候在有海豹出没的洞口，趁海豹放松警惕时伸出强健有力的前爪将其活捉。它们也会慢慢靠近正在冰上休息的海豹，然后猛扑过去。雌性北极熊会在雪中挖洞产崽，每次生下1～2只。

熊类中体形最大的一种。毛色雪白，只有鼻子、眼睛与爪垫是黑的。除发情期与繁殖期外均独居。

体长2～3米，体重150～650千克

通常，为了寻找食物和伴侣，北极熊每天要在冰雪上行进 20 多千米。每年行进距离累计超过 1000 千米。随着全球气候变暖，冰川融化，北极熊正逐渐失去它们的家园。

臭鼬

Skunk

分类：哺乳纲食肉目臭鼬科
栖息地：北美洲草原、沙漠、草丛、村庄附近
食物：昆虫、老鼠、鱼、鸟蛋、果实、谷类、腐肉等
繁衍：一年 1 次，一次产 5 ~ 6 只
寿命：约 12 年

臭鼬体形较小，腿短且行动缓慢，胆子却非常大，就算发现有熊或豹子等猛兽潜伏在四周，也能照常活动。这是为什么呢？

这是因为臭鼬释放出的气味特别臭。遇到敌人时它会竖起尾巴，露出肛门处的臭腺，同时前脚跺地，发出"唧唧"的声音以示警告。如果敌人还是无动于衷，它就会喷出一股黄色的液体，喷射范围可达 3 ~ 4 米。这种液体会散发恶臭，让敌人无法呼吸，甚至神志不清；眼睛受到刺激的话短时间内会视野模糊；还可能引起呕吐。

条纹臭鼬
后背有很宽的白色条纹。
体长 28 ~ 40 厘米，尾长 17 ~ 38 厘米，体重
1.5 ~ 3 千克

一旦被臭鼬射出的液体击中，就连猛兽也会感到呼吸困难。所以绝大多数食肉动物都不会轻易招惹臭鼬。

斑鬣狗

皮毛粗糙坚硬，后腿比前腿略短。
体长 95～160 厘米，体重 60～80 千克

鬣狗的下颌十分有力，牙齿极其坚固，会食用其他动物丢弃的猎物。它的嗅觉很灵敏，在很远的地方就能闻到动物尸体的味道，然后找到并消灭干净。鬣狗也善于狩猎，几只联合起来可攻击斑马之类的大型动物。但由于后腿较短，不利于快速奔跑，所以常常失败，偶尔到手的猎物还会被猎豹等动物抢走。

动物园主要喂食它们活鸡和牛肉，肚子饿时它们常会呜呜地叫。

鬣狗

Hyena

分类：哺乳纲食肉目鬣狗科
栖息地：非洲热带草原及沙漠、亚洲西南部干旱地带
食物：动物尸体、鹿、斑马、羚羊等
繁衍：一年 1 次，一次产 1～4 只
寿命：12～25 年

细尾獴

Meerkat

分类：哺乳纲食肉目獴科
栖息地：非洲南部沙漠和热带草原
食物：蜘蛛、甲虫、蝎子、水果等
繁衍：一年 1 ~ 3 次，一次产 3 ~ 7 只
寿命：5 ~ 15 年

细尾獴体形很小，体重不到 1 千克，通常 20 ~ 30 只聚在一起，在地上打洞生活。细尾獴打的洞有无数洞口，它们会不停地从各个洞口钻进钻出。

细尾獴很伶俐。一只细尾獴在捕猎时，其他细尾獴会在旁边放哨。放哨时它们用尾巴撑地，靠后腿直立。它们的视力很好，能马上发现在高空飞翔的老鹰和远处的豺狼。只要有一只发出声音，其他伙伴就会立刻躲进洞内。别的动物看到这番场景时也能知悉危险，马上逃跑。细尾獴因此被称为"沙漠中的哨兵"。

细尾獴的犬齿很锋利，可以捕食有毒的蝎子。要知道，如果被卡拉哈里沙漠中的蝎子蜇一下，连人都难逃一死。但细尾獴对蝎子的毒液具有免疫能力，就算被蜇也无大碍。

前脚的爪子很锋利，可以飞快地挖洞。

体长 25 ～ 30 厘米，尾长 17 ～ 24 厘米，体重 700 ～ 800 克

狮子

Lion

分类：哺乳纲食肉目猫科
栖息地：非洲热带草原、印度西北部
食物：斑马、水牛、羚羊等
繁衍：一年1次，一次产1～4只
寿命：10～20年

狮子力气很大，靠捕食斑马、水牛等大型动物为生。雄狮会发出震耳欲聋的吼声，以守护自己的领地，赶走入侵者。如果你在近处听到狮吼，恐怕会吓得汗毛都竖起来。在动物园里偶尔也能听到它们的吼叫。

狩猎由雌狮负责。雌狮喜欢联合起来攻击猎物，它们先悄悄将猎物团团围住，然后在瞬间发起进攻。有时它们还会抢夺鬣狗的战利品。狮群获得猎物后先由雄狮享用，饱食后的几天狮群不会再去狩猎，只是懒洋洋地到处游荡。

雄狮的颈部长有浓密的鬃毛。雌狮没有鬃毛，个头比雄狮小。尾巴尖处均有一小簇长毛。
体长140～250厘米
尾长70～100厘米
体重120～250千克

与其他猫科动物不同的是，狮子喜欢群居。
一两只雄狮和几只带着幼崽的雌狮可组成一个家庭。

雌狮在生育时会离开狮群，
感受到危险时会叼着幼崽的后颈将其转移到安全地带。

猎豹

Cheetah

分类：哺乳纲食肉目猫科
栖息地：非洲热带草原、阿拉伯半岛、印度干旱地带或灌木丛
食物：羚羊、小斑马、兔子等
繁衍：一年1次，一次产1～5只
寿命：12～15年

猎豹是奔跑速度最快的动物，跑起来迅猛如闪电，跑过100米的距离只需要3秒左右，但只能以这个速度跑大约500米。与其他猫科动物不同的是，猎豹的爪子不能收缩，且短而钝，这能增强它在奔跑时的抓地力。

猎豹善于狩猎，故以"猎豹"称之。它们易驯化，古时候的印度王室在狩猎时也会带上已驯化的猎豹。

全身布满黑色的斑点，眼睛到嘴的位置有一条黑色的泪纹。
体长110～140厘米，尾长60～80厘米，体重40～70千克

猎豹跑起来速度很快，快速奔跑时背部像弹簧一样反复收缩伸展。

头小，前爪很大，尾尖是黑色的。
体长 1 ~ 2 米，尾长 60 ~ 80 厘米
体重 35 ~ 100 千克

美洲狮只生活在美洲大陆。它们可在辽阔的平原、沼泽、树林里生存，也可在平均海拔高达 4000 米的安第斯山脉中生存。它们能够在宽大的石缝间跳来跳去，一跃可跳到 6 ~ 12 米之外，也擅长爬树，一口气能爬到 5.5 米左右的高度。

美洲狮喜欢独居，通常独自狩猎。它们会悄悄跟在猎物身后，趁其不备时突然扑上去。有时它们也会躲在高处，当猎物经过时，再猛地跳下来。它们吃饱后会将剩余的食物藏起来，以备下次食用。

美洲狮

Puma

别名：美洲金猫
分类：哺乳纲食肉目猫科
栖息地：美洲大陆
食物：鹿、山羊、老鼠等
繁衍：两三年 1 次，一次产 1 ~ 6 只
寿命：可达 20 年

大象

Elephant

分类：哺乳纲长鼻目象科

栖息地：非洲及亚洲南部的草原或丛林

食物：草、树叶、树皮、树根、水果等

繁衍：每 4 ～ 6 年产 1 只

寿命：60 ～ 70 年

大象个头很大，其中非洲象是陆地生物中体形最大的，体重可超过 5 吨。因为体形大，所以吃得多，它一天能吃下 100 ～ 200 千克的草。大象的鼻子没有骨骼，可任意弯曲。它们用鼻子抓草吃，也用鼻子往身上淋水洗澡，见到同伴时会用鼻子触碰对方以示友好，睡觉时则会卷起鼻子。

大象喜欢群居。最年长的母象通常是象群的首领。失去妈妈的小象会吃其他母象的奶长大。

大象很喜欢水。行进途中如果遇到水，它们会停下来嬉戏。大象也喜欢洗泥浴，从水中出来后它们会再到泥中打滚，还用鼻子把泥喷满全身。

非洲象

耳朵巨大，门齿很长，也叫"象牙"，有的象门齿可长达 3 米。无论雌雄，都有很长的门齿。鼻尖呈菱形，可夹取食物。

亚洲象

耳朵较小，门齿较短，雌性的门齿通常不外露。鼻尖呈三角形，可用鼻子卷起食物。

亚洲象

体形巨大，四肢像柱子一般粗壮结实，脚掌又宽又大。冬天动物园中没有水时，它们会吃冰块和雪。

身高 2 ～ 3 米，体重 2.3 ～ 5 吨

斑马

Zebra

分类：哺乳纲奇蹄目马科
栖息地：非洲热带草原、树林
食物：草、树叶等
繁衍：一年产1只
寿命：20～30年

乍一看，斑马身上的条纹似乎都长得一样，但实际上没有任何两匹斑马的条纹是完全相同的。当多只斑马聚在一起时，猛兽会被一道道的条纹搞得头晕目眩，无法马上发起进攻，就连吸血的舌蝇都不喜欢叮它们。斑马是站着睡觉的，因为要防范狮子等天敌的突然袭击。

在雨水稀少的干旱季节，成百上千只斑马会聚集到一起，向有水源和青草的地方迁徙。没有水的时候，斑马也会用蹄子刨开干涸的河床来寻找地下水。

黑白条纹遍布全身，与蹄子相连。
体长190～230厘米
体重250～400千克

在发情的季节，雄性斑马会露出牙齿，以此来吸引异性。

身体痒时斑马会在地上打滚洗沙浴，把身上的虫子蹭下来。在春季换毛期和炎热的夏季，它们经常洗沙浴。

有时斑马会跟长颈鹿和羚羊群居在一处。斑马会负责闻气味，高个儿的长颈鹿则负责眺望远处，它们互相帮助，以躲避危险。当有狮子和鬣狗靠近时，斑马群会围成一个圆圈，随时准备抬起后蹄踢走敌人。

犀牛

Rhinoceros

分类：哺乳纲奇蹄目犀科
栖息地：非洲及亚洲草原、灌木林、丛林
食物：草、树叶、树枝等
繁衍：每 4～5 年产 1 只
寿命：30～50 年

　　犀牛的角由表皮角质形成，内无骨心。犀牛角会一直生长，有些能长到 1.5 米。犀牛的体形仅次于大象，皮肤相当厚，看上去像穿了层铠甲。虽然身形庞大，但犀牛是名副其实的食草动物，只吃青草和树叶之类。

　　犀牛的视力不好，但其嗅觉和听觉都很灵敏。当感受到入侵者逼近时，会马上弓起肩膀，准备随时发起进攻。虽然个头大，它们的动作却很敏捷。平时它们会用角将粪便堆成一堆，标记自己的地盘。在动物园中也是如此，它们每次排便都在相同的地方。

白犀
鼻子上方长着两只角。嘴呈四方形，又称"方吻犀"。
体长 220～400 厘米，体重 1800～2500 千克

黑犀生活在树林中，上嘴唇呈钩状，便于摘食树枝。

白犀生活在草原上，嘴很宽大，便于吃草。

印度犀只有一只角，生活在水边。

犀牛喜欢在泥潭里玩耍，会用角把泥甩到身上，全身沾满稀泥后在墙上或树上蹭来蹭去。其身上的泥等太阳晒干后会自动脱落。

美洲野牛

Bison

分类：哺乳纲偶蹄目牛科
栖息地：美国和加拿大的国家公园
食物：草
繁衍：一年产 1 只
寿命：15 ～ 25 年

美洲野牛生活在北美大陆，在欧洲人移民北美之前，大约有 6000 万头。它们像驯鹿一样大批群居生活，会迁徙数千千米。但是由于人类的大量捕杀，其数量一度骤降至几百头。目前只有美国和加拿大生活着大约两万头野生美洲野牛。

美洲野牛性情狂野，力气很大。雄性野牛为了争夺首领地位常常打架。由于北美大陆既没有狮子也没有老虎，它们的天敌就只有人类了。

体形巨大，肩膀突出。下巴和前腿长有浓密的长毛，尾巴短小。雌性头上也长角。
体长 210 ～ 350 厘米，体重 400 ～ 1000 千克

美洲野牛看起来很笨重，实则动作敏捷。它们奔跑的时速可高达 62 公里，可轻松越过和自己肩膀一样高的围墙。发情期时为了占有异性，雄性会用角搏斗，并发出叫声。

栗色的皮毛上布满了梅花状
的斑点。春夏季毛色更好看，
白点更加明显。
体长 100 ~ 160 厘米
体重 30 ~ 120 千克

晚春，雄鹿长出
新角。

夏季，鹿角长大，
变结实。

秋季，包裹着鹿角的外皮渐渐
剥落，鹿角骨化。到第二年
4 ~ 5 月份，鹿角自动脱落。

梅花鹿

Sika Deer

分类：哺乳纲偶蹄目鹿科
栖息地：东亚的山地、草原和森林
食物：草、树叶、嫩枝、树皮、苔藓、
蘑菇等
繁衍：一年 1 次，一次产 1 ~ 2 只
寿命：15 ~ 20 年

　　因其身上布满美丽的梅花状白色斑点，故称梅花鹿。
由于胆子小，所以群居生活。夏天为了躲避蚊蝇，喜欢把
脸伸到泥塘里，或者走进水中。

　　只有雄性长角，每年 4 ~ 5 月份会长出新角。尚未骨
化的鹿角叫作鹿茸，这时的鹿角外面包裹着一层软绵绵的
皮层。到了 9 月发情的季节，雄鹿会开始用角摩擦树皮，
彼此间也用鹿角互相顶撞打斗，获胜的一方会赢得异性。

驯鹿都有角，雄性的角更大、更美。在发情季节，雄性为了占有雌性，会斗得头破血流。驯鹿生活在寒冷的北极圈附近，为了寻找食物，每年会迁徙数百千米。夏季为了躲避成群的苍蝇和蚊子，它们又会回到凉爽的北部。

生活在北极圈一带的因纽特人会猎杀驯鹿，肉和奶可以吃，皮则用来做衣服。驯鹿还可被驯化，用来拉雪橇。给圣诞老人拉雪橇的"鲁道夫"就是以驯鹿为原型。

驯鹿

Reindeer

分类：哺乳纲偶蹄目鹿科
栖息地：北极冻土地带，欧洲、亚洲及北美洲北部
食物：苔藓、草、树叶、果实、蘑菇等
繁衍：一年1次，一次产1～2只
寿命：15～20年

角长得像树枝一样。
蹄子又宽又大，在雪上也可以自由行走。
蹄子很硬，可以刨开厚厚的雪找苔藓吃。
体长130～220厘米，体重70～300千克

长颈鹿

Giraffe

分类：哺乳纲偶蹄目长颈鹿科
栖息地：非洲热带稀树草原
食物：树叶、树枝等
繁衍：每两年产1只
寿命：20～25年

长颈鹿是个子最高的陆栖动物，有些身高超过5米，其中光脖子就可长达2米。但它同其他哺乳动物一样，只有7块颈椎骨。因为个子高，视力又好，长颈鹿很容易发现潜伏在附近的狮子等天敌。

长颈鹿的腿很强壮，能一直保持站立。它们通常站着睡觉，雌性产崽时也是站着，所以小长颈鹿一出生就会从约2米高的地方直接掉到地上。不过它很坚强，20分钟以后就能够自己站起来，去吃妈妈的奶。在动物园中，如果天气太冷，它们会留在室内。

长颈鹿个子高，可以轻松摘到高处的树叶。它们伸出约40厘米长的舌头，把叶子卷进嘴里。雄性比雌性个子稍高。动物园中的饲养员会把草挂到很高的杆上，也会喂它们切碎的红薯。

长颈鹿身上有漂亮的网状花纹，头顶有2～5只小小的角，长脖子上有短鬃毛。
体长 380～550 厘米，体重 700～1900 千克

由于个子太高，长颈鹿很难够到地面上的食物。它们喝水的时候往往要将两条腿使劲撇向两边，然后艰难地低下头。

骆驼

Camel

分类：哺乳纲偶蹄目骆驼科
栖息地：北非及亚洲的沙漠
食物：草、树叶、仙人掌等
繁衍：每两年产 1 只
寿命：25 ~ 50 年

骆驼生活在沙漠里，而沙漠是生存条件极为艰苦的地方，常年无雨且植物稀少，白天酷热，夜晚寒冷，还经常刮沙尘暴。骆驼的生理条件非常适合在沙漠中生存：它们有很长的睫毛，可以抵御风沙；鼻孔可以随意张开闭合；脚掌很宽，不会轻易陷进沙里；即使很久不喝水也没有关系。

在沙漠中生活的人会吃骆驼肉，喝骆驼奶，用骆驼的毛做衣服和被子。如果没有骆驼了，这些人就很难生存了。

双峰驼
后背有两个驼峰，产于中国及中亚。
体长 220 ~ 350 厘米，体重 400 ~ 700 千克

骆驼可以长时间不吃东西不喝水，只靠驼峰的养分生存。如果长期没有进食，
驼峰会变小。在很久没有喝水的状态下，一头骆驼可一次喝下 100 升水。

单峰驼
背部只有一个驼峰，生活在北非和西亚。单峰驼没有
野生品种。

河马

Hippopotamus

分类：哺乳纲偶蹄目河马科
栖息地：非洲的水边及沼泽地带
食物：草、果实、植物的根等
繁衍：每 2～3 年产 1 只
寿命：40～50 年

河马外形肥胖，腿短，看起来很笨重。不过一旦进入水中，它们的动作就变得轻盈了，比在陆地上行动更敏捷。河马除了吃草和睡觉，其他时间都待在水中。进入水中后，它们的鼻孔和耳朵会自然闭合，只偶尔把鼻子探出水面呼吸。其脚趾间有蹼。

虽然河马是食草动物，但其犬齿大而锋利，打斗时会大张着嘴，互相撞击。天气热时，它们的皮肤会分泌红色的液体，起到防晒和湿润皮肤的作用。

雌性河马的身体像一只巨大的桶，脑袋也很大。因为体形庞大，即便怀孕了，从外表也较难发现。
体长 280～460 厘米，体重 2～4 吨

河马在水底走得很快。它们在水底生产，在水底喂奶，没有水会无法生存。

河马在排便时会摇着尾巴把粪便甩向四周，意在表明此处是自己的领地，请勿靠近。

犬齿大而锋利，有的可长达 70 厘米，足以咬死鳄鱼。

海豚

Dolphin

分类：哺乳纲鲸目海豚科
栖息地：热带及温带海洋、江河
食物：鱼、乌贼、虾蟹等
繁衍：每2～3年产1只
寿命：30～40年

海豚不是鱼。虽然它们生活在海里，但属于哺乳动物，在水里生育、哺乳。它们每分钟会跳出水面两到三次，用气孔呼吸，睡觉时浮在水面，将气孔露在外面。海豚很聪明，好奇心强，成群结队时会用气孔发出"嘎嘎嘎""咯咯咯""唧唧唧"的声音互相交流。

宽吻海豚在接受海洋馆驯兽师的训练后，可以表演多项技能。海豚的粪便是草绿色的水便，排在水里时像喷出一股烟雾一样，一会儿就消失了。

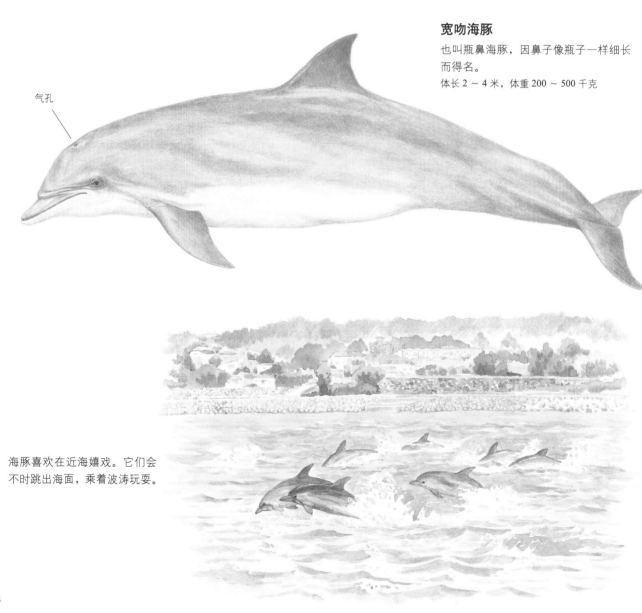

气孔

宽吻海豚
也叫瓶鼻海豚，因鼻子像瓶子一样细长而得名。
体长2～4米，体重200～500千克

海豚喜欢在近海嬉戏。它们会不时跳出海面，乘着波涛玩耍。

非洲毛皮海狮

全身长满软软的毛，睡觉时会发出鼾声。

体长 140 ～ 200 厘米，体重 60 ～ 200 千克

毛皮海狮

Fur Seal

毛皮海狮是生活在海洋里的哺乳动物，四肢呈鳍状，很擅长游泳。虽然它们在水里很敏捷，但只要来到陆地上，行动就会变得迟缓，只能用鳍状肢摇摇摆摆地移动。它们在石头较多的岸边生育。每年夏天到了毛皮海狮的繁殖期，就会有无数只毛皮海狮爬上岸来。

雄性毛皮海狮体形比雌性大很多。一只雄性毛皮海狮可与数十只雌性毛皮海狮交配。妈妈与小毛皮海狮即使分开了很长时间，只要听到彼此的声音，就能认出对方。

分类：哺乳纲食肉目海狮科

栖息地：太平洋、大西洋沿岸

食物：鱼、乌贼、企鹅、贝类、磷虾等

繁衍：一年产 1 只

寿命：可达 30 年

孔雀

Peacock

分类：鸟纲鸡形目雉科

栖息地：亚洲海拔 2000 米以下的森林及草原

食物：种子、花、果实、虫子等

繁衍：一年 1 次，一次产 4 ~ 8 枚卵

寿命：20 ~ 30 年

雄孔雀外表非常华丽，发情时为吸引异性，会将尾羽张开并四处走动，其尾巴的长度是身长的两倍。雄孔雀开屏时尾羽上有大眼睛一样的斑纹。雌孔雀的尾羽较短，颜色单一。

孔雀会飞，能飞上高达 20 米的大树。雄孔雀由于尾羽厚重，无法像雌孔雀一样飞翔。蓝孔雀是印度的国鸟。

由于孔雀极具观赏性，全世界的动物园里都可见到它们的身影。

蓝孔雀

雄孔雀的尾羽又长又美，头顶有王冠一样的华丽枕冠。

体长 85 ~ 210 厘米（含尾巴）

体重 3.5 ~ 5 千克

鸵鸟是世界上最大的鸟，虽然飞不起来，却可以像马儿一般快速奔跑，跑过 100 米的距离只需要五六秒。鸵鸟在草原和干旱草原上群居生活，听觉和视力都很好，不惧怕炎热与寒冷。如果被强壮的鸵鸟踢上那么一脚，就连狮子都会受伤。

雄性鸵鸟向雌性鸵鸟求偶时会跪坐在地上，将长脖子向后弯曲，边用后脑勺敲打背部边扇动翅膀。

鸵鸟

Ostrich

分类：鸟纲鸵鸟目鸵鸟科
栖息地：非洲及亚洲西部的热带草原、荒地、半沙化地带
食物：种子、果实、青草、蚱蜢、蜥蜴等
繁衍：一年 1 次，一次产卵 20 ~ 40 枚
寿命：30 ~ 40 年

鸵鸟的眼睛是鸟类中最大的。鸵鸟的耳朵长在后脑勺上，所以可以很清楚地听见后方的声音。

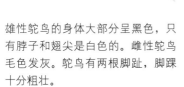

雄性鸵鸟的身体大部分呈黑色，只有脖子和翅尖是白色的。雌性鸵鸟毛色发灰。鸵鸟有两根脚趾，脚踝十分粗壮。
身高 2 ~ 2.5 米，体重 100 ~ 160 千克

鸵鸟蛋是鸟蛋中最大的，重量可达 1.5 千克，大约是鸡蛋重量的 24 倍。

斑嘴环企鹅

是体形较小的一种企鹅，生活在温暖的非洲南部的近海。

体长 35 厘米，体重 3 千克

王企鹅

生活在南极附近。

体长 85 ~ 95 厘米

体重 10 ~ 16 千克

企鹅

Penguin

分类：鸟纲企鹅目企鹅科

栖息地：南半球

食物：鱼、乌贼、贝类、虾等

繁衍：一年 1 ~ 2 次，一次产卵 1 ~ 3 枚

寿命：10 ~ 20 年

　　企鹅是生活在海洋里的鸟类，在南极或南极近海地带群居生活。北极没有企鹅。企鹅有圆滚滚的身体和浓密的羽毛，可以抵御严寒；趾间有蹼，擅长游泳；前肢呈鳍状，潜水也很厉害。王企鹅在寻找食物时甚至能潜至水下250 米左右的深海。

　　在陆地上，企鹅走起路来摇摇晃晃的。来到雪地或冰上时，它们会将肚皮贴在地上向前滑行。帝企鹅由雌性产卵，雄性孵化。雄性帝企鹅会将卵放在脚背上，连饭都不吃，守护着卵直至其孵化。与此同时，雌性帝企鹅会去寻找食物，以恢复体力。

火烈鸟个子很高，脖子和腿又细又长，毛色从淡淡的粉红到深色的大红均有。它的喙从中间弯下去，便于从水和稀泥中滤食浮游生物。

到了春天的繁殖期，大量火烈鸟会聚集到水边，张开翅膀扑打着，像跳舞一样。雌性火烈鸟会在用泥巴堆砌的窝里产下一枚卵。刚出生的小火烈鸟的毛是褐色的。鸟爸爸会和鸟妈妈一起守护小火烈鸟长大。

火烈鸟

Flamingo

分类：鸟纲火烈鸟目火烈鸟科
栖息地：中南美洲、地中海地区、非洲及印度西北部的水边
食物：浮游生物、虾、昆虫等
繁衍：一年 1 次，一次产卵 1 枚
寿命：20 ～ 50 年

在浅水中来回走动，寻找食物。

美洲火烈鸟
毛色呈大红色，喙的尖端与翅膀内侧呈黑色。
身高 120 ～ 140 厘米
体重 2.2 ～ 3 千克

用单脚站立的姿势休息和睡觉。

金刚鹦鹉

在南美洲热带森林中群居生活。
体形大，尾巴长，颜色华丽。
体长 50 ~ 100 厘米
体重 1 ~ 1.5 千克

鹦鹉

Parrot

分类：鸟纲鹦形目鹦鹉科
栖息地：中南美洲、大洋洲、非洲、
亚洲东南部、北美洲南部森林及热
带草原
食物：种子、果实、花蜜等
繁衍：一年多次，一次产卵 2 ~
10 枚
寿命：30 ~ 60 年

　　鹦鹉很聪明，好奇心强，经过训练后能向人行礼，也能学说话。互为伴侣的两只鹦鹉关系特别和谐，可以并排坐在树枝上，"甜言蜜语"几个小时，还会相互梳理羽毛或互相喂食。

　　鹦鹉主要生活在热带及亚热带地区，毛色鲜艳华丽。它的喙像钩子一样向下弯曲，十分有力，可咬碎核桃之类的坚果，再把中间的果仁儿取出。在动物园里，饲养员常常直接给鹦鹉喂食松子。

神鹫和老鹰长得很像，生活在安第斯山脉陡峭的悬崖上。神鹫可张开翅膀乘着风长时间飞行，两只翅膀张开的长度可达 3 米。

神鹫的视力和嗅觉都很敏锐，能够迅速发现动物的尸体，即使在千米高空也能发现地上的老鼠。如果没有食物，饿上几天也没关系。神鹫在饥饿时能吃下很多食物，有时还会因为吃得太多而飞不起来。

神鹫

Condor

分类：鸟纲隼形目
栖息地：南美洲安第斯山脉崖壁
食物：腐肉、老鼠等
繁衍：每两年产卵 1～2 枚
寿命：约 50 年

安第斯神鹫

脖子下方长了一圈白色的毛，像围了一条白围巾。雄性的头顶还长着一块肉冠，雌性则没有。

体长 110～140 厘米，体重 7～15 千克

安第斯神鹫生活在安第斯山脉。这里的人们认为神鹫是很神圣的动物。

龟

Tortoise,Turtle

分类：爬行纲龟鳖目

栖息地：热带、温带地区的陆地和海洋

食物：花草、仙人掌、鱼、水母、贝类等

繁衍：一年 1 ~ 3 次，产卵数颗到数百颗

寿命：15 ~ 200 年

龟的寿命多比人类长，加拉帕戈斯象龟甚至可以活到 100 岁以上。它们的身体被一层坚硬的龟壳保护着，当感受到危险时，会马上将头和四肢缩进壳中。龟壳像铠甲一般坚硬，通常其他动物都对其无可奈何。

龟行动缓慢，喜欢一动不动地晒太阳。虽然龟在陆地上行动迟缓，下水后却是游泳健将。每逢产卵期，雌性会来到岸上。有时它们为了寻找一个适宜产卵的地方，甚至会游至 1000 千米之外的地方，然后在晚上悄悄上岸挖一个沙坑，产下许多卵。

加拉帕戈斯象龟

生活在南美厄瓜多尔科隆群岛（又称加拉帕戈斯群岛）上的陆龟，龟壳长度超过 1 米，体重可达 200 千克，喜欢吃仙人掌，在动物园中也喂食芦荟。"加拉帕戈斯"在西班牙语中是"龟"的意思。

龟壳厚重又坚硬。
龟一旦感受到危险就马上躲入壳中。

加拉帕戈斯象龟的脖子伸长时看上去
很像大象的鼻子。

绿海龟
前肢如桨一般。虽然在陆地上行动迟缓，
在海中却是游泳健将。

鳄鱼

Crocodile

分类：爬行纲鳄目
栖息地：热带与亚热带的水边、沼泽边
食物：鱼虾、鸟、鹿、猴子、斑马、龟、动物尸体等
繁衍：一年1次，一次产卵数十枚
寿命：30～80年

鳄鱼是凶猛的食肉动物，嘴很大，牙齿极其锋利。其下颌的力量算是动物中最强的，还有又粗又长的尾巴，可以一下击倒目标。它们吃饱一次可以一个月不进食。

鳄鱼生活在热带和亚热带的水边。它在水中游泳时会收起四肢，摆动尾巴划水。雌性鳄鱼会在陆地上搭建产房，一次产下数十枚卵。小鳄鱼破壳而出时会发出叫声。鳄鱼妈妈在15米开外的地方就能辨识出这种声音，然后以箭一般的速度来到宝宝的身边，清理掉蛋壳周围的泥巴，帮助小鳄鱼出壳。

鳄鱼
全身长满坚硬的鳞片，两只后足有蹼。天气热时会张开嘴休息。瞳孔细长，眼睛在黑暗中会发光。
体长2～7米

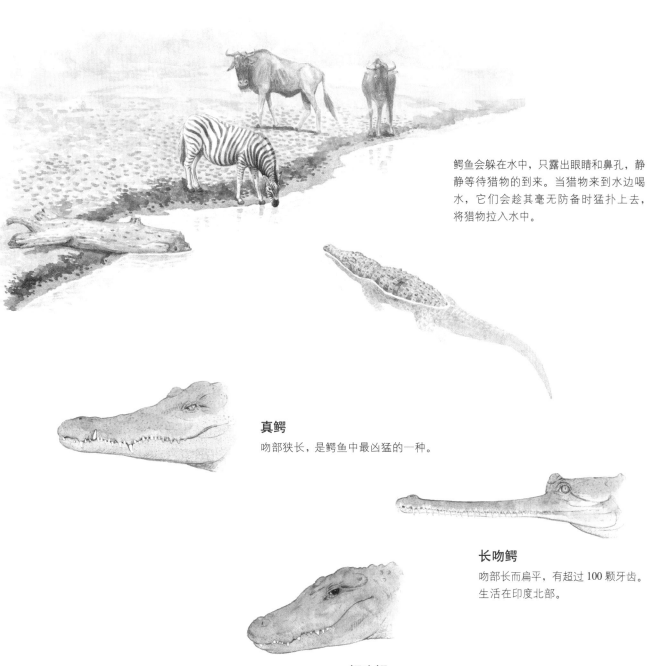

鳄鱼会躲在水中，只露出眼睛和鼻孔，静静等待猎物的到来。当猎物来到水边喝水，它们会趁其毫无防备时猛扑上去，将猎物拉入水中。

真鳄
吻部狭长，是鳄鱼中最凶猛的一种。

长吻鳄
吻部长而扁平，有超过 100 颗牙齿。生活在印度北部。

短吻鳄
吻部比真鳄稍短。

凯门鳄
比一般的鳄鱼小，生活在中南美洲。

绿鬣蜥
浑身呈绿色的大蜥蜴，长尾，脚掌大且脚趾长。

美洲鬣蜥

Iguana

分类：爬行纲有鳞目
栖息地：中南美洲热带雨林、西太平洋岛屿、美国南部
食物：树叶、花、果实、蚱蜢、蚯蚓、蜗牛等
繁衍：一年1次，一次产卵20～70枚
寿命：约15年

美洲鬣蜥也属于蜥蜴一类，尾巴的长度是身体的两倍。当尾巴被敌人抓住时，它们也会像蜥蜴一样断尾逃走。下颌下方有大喉囊，当入侵者出现时，它们会鼓起喉囊，晃动脑袋，以威胁敌人。此外，它们的背部还长有尖锐的针状鬣鳞。

绿鬣蜥多生活在中南美洲的热带雨林。它们的爪尖像钩子一般弯曲，擅长爬树，可以轻松地从15米高的树顶跑到地面上。它们在地面上跑得很快，也会游泳和潜水。

变色龙喜欢生活在树上，很少在地面上活动。与其他蜥蜴不同的是，它们行动迟缓，也没有锋利的牙齿，却有变换颜色的天赋。它们一动不动时常与周围的颜色融为一体，天敌很难发现。虫子也难以发觉变色龙的存在，常在变色龙不知不觉地靠近时成为它们的食物。

变色龙只需一眨眼的工夫就能用舌头把虫子卷进口中。它们的舌头如弹簧一般灵活，眼珠可 360 度旋转，且两只眼能够分别向不同方向转动，不用转身就能察觉后面的状况。

变色龙

Chameleon

分类：爬行纲有鳞目避役科
栖息地：非洲及马达加斯加热带雨林、亚洲和欧洲南部
食物：蚱蜢、蟋蟀、蜘蛛、鸟蛋、小蜥蜴等
繁衍：一年 1 ~ 3 次，卵生种类一次产卵数颗到数十颗，卵胎生种类一次可产下数只到数十只
寿命：2 ~ 8 年

脚趾的形状特别适合抓住树枝。尾巴一圈圈地卷起，有时也会吊在树枝上。
体长 20 ~ 30 厘米

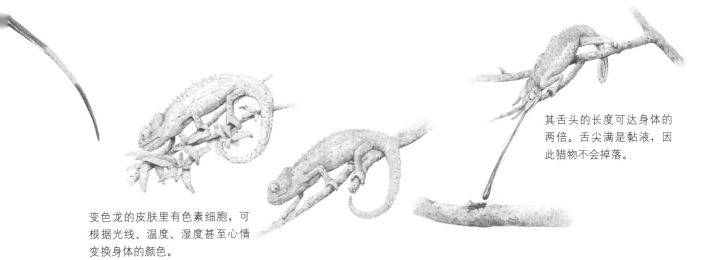

变色龙的皮肤里有色素细胞，可根据光线、温度、湿度甚至心情变换身体的颜色。

其舌头的长度可达身体的两倍。舌尖满是黏液，因此猎物不会掉落。

眼镜蛇

Cobra

分类：爬虫纲有鳞目眼镜蛇科
栖息地：亚洲南部、中南美洲、非洲
食物：老鼠、青蛙、蜥蜴、鸟等
繁衍：一年 1 次，一次产卵 10 ～ 30 枚
寿命：10 ～ 20 年

眼镜蛇有剧毒，在警觉状态下会将身体前段竖起，使颈部皮褶膨胀，并发出"咝咝"的声音。被眼镜蛇咬到会有生命危险。

印度眼镜蛇直起身体时后背上有明显的眼镜状花纹，能对敌人起到震慑的作用。

眼镜王蛇也是毒蛇，名字与眼镜蛇很像，但它不是眼镜蛇。眼镜王蛇以捕食其他蛇为生。雌性产卵时会用树叶做窝，然后盘踞其上。

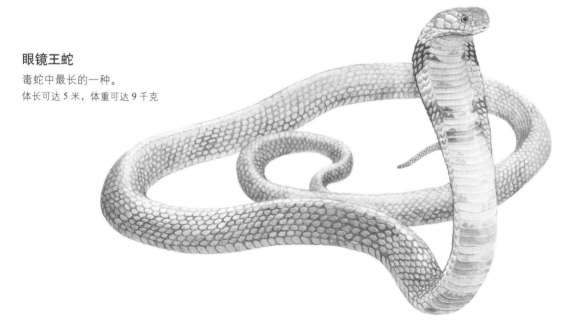

眼镜王蛇
毒蛇中最长的一种。
体长可达 5 米，体重可达 9 千克

印度眼镜蛇与驯蛇师
眼镜蛇听不见声音，但它们会凭视觉跟随驯蛇师的动作舞动。

水蚺体形很大，生活在南美洲亚马孙河流域，擅长游泳和潜水。它常常将身体浸入水中，只露出脑袋。水蚺无毒，但力气很大，足以缠住鹿和鳄鱼这样的大型动物，使其窒息而死，然后再将其拖入水中整只吞下。

雌性通常比雄性体形更大。与其他蛇不同的是，水蚺为卵胎生，会直接产下幼体。刚出生的小水蚺约有 60 厘米长。

水蚺

Anaconda

分类：爬行纲有鳞目蚺科
栖息地：南美洲亚马孙河流域的森林、草原
食物：鳄鱼、鹿、鱼、龟、鸟等
繁衍：一年 1 次，一次产 10 ～ 70 条
寿命：约 20 年

绿水蚺
体形最大的蛇，无毒。
体长可达 6 米，体重可达 150 千克

有的绿水蚺长度甚至可达 10 米。

去动物园时

动物园是动物们的家，与动物朋友们见面时我们该怎么做呢？

观光指导

★★★★★

1. 不进入有"禁止入内"标志的地方，不跨越围栏。

2. 在没有得到饲养员许可的情况下不要喂食动物。

3. 不向动物笼子里投掷石头、硬币、罐头等物品。

不断给动物投喂食物会怎样？

小朋友们零食吃多了也会不舒服吧？动物也是一样。如果想给动物喂食，一定要经过饲养员的同意哦。

"老虎啊，快起来！"

大声叫喊会怎样？

动物在睡觉时讨厌被吵醒，就像我们在熟睡中被人叫醒也会不高兴一样。而且很多动物都在夜间活动、白天休息，它们不是因为懒才在白天睡觉，那本来就是它们的睡眠时间。

把手伸进栅栏里会怎样？

万万不可！别看细尾獴长得小，牙齿却十分锋利。如果因为它们可爱就想伸手进去摸一摸，会很容易被伤到。还有，千万不能靠近老虎、河马等大型猛兽。虽然河马是食草动物，脾气却十分暴躁，它坚硬的牙齿甚至能咬死鳄鱼。

投掷石头或硬币会怎样？

会伤害到动物。曾经有火烈鸟被小朋友扔过来的石头砸伤了腿，有鳄鱼险些被弄瞎了眼睛。扔硬币也不行，我们曾经在一只死去的海豹的胃里取出了一把硬币。

对大猩猩做出挑衅的动作会怎样？

对大猩猩做出挑衅的动作会吓到它，被激怒时它甚至可能会向你扔石头。请不要让大猩猩受到惊吓。

饲养员的工作

饲养员是动物的照顾者。他们是怎么照看小动物的呢？

喂食

饲养员会给狮子、豹子等食肉动物喂食鸡肉和牛肉，会给北极熊、企鹅喂鱼。他们会把长颈鹿的食物挂在高处或放在高台上，因为长颈鹿个子太高了。喂细尾獴时，要把甲虫、幼虫等埋进沙地里，因为细尾獴喜欢打洞。

打扫卫生与清理粪便

　　饲养员会清理动物的粪便，同时检查它们的健康状况。如果粪便突然变稀或没有正常排便，就可能是动物的身体出了状况。铲除粪便后还要用水清洗干净，防止蛆和寄生虫滋生。

照看生病的动物

　　饲养员会照看那些没有妈妈的小动物，像妈妈那样给它们喂奶，帮它们排便，还会带生了病的动物去看病。

亚洲象一天的食物

大象很能吃。动物园里的一头成年亚洲象每天要吃 25 个苹果、50 根胡萝卜、4 个地瓜、1 袋面包、半棵圆白菜、1 千克干面包、200 克食盐、4 千克饲料和 52 千克干草。它们的排便量也很大。

作者简介

著者　**柳贤美**　　　　　　　毕业于韩国外国语大学英文系， 现为童书作家。 代表作有 《儿童动物痕迹微型图鉴》 《想看看有什么生活在海边》 等。

绘者　**李愚晚**　　　　　　　毕业于韩国弘益大学西洋画专业。因为喜欢动物，他经常去山上、田野或是水边观察动物。其代表作有《傻瓜一般的生活故事》《小种子的梦想——森林》等。

我爱野生动物

最美最美的
博物书

[韩]柳贤美 著　[韩]李愚晚 绘　江凡 译　解焱 审校

中信出版集团｜北京

图书在版编目（CIP）数据

我爱野生动物 / （韩）柳贤美著；（韩）李愚晚绘；
江凡译 . -- 北京 ：中信出版社，2025. 2. --（最美最
美的博物书）. -- ISBN 978-7-5217-7087-2

Ⅰ . Q95-49

中国国家版本馆 CIP 数据核字第 2025Q0Z141 号

我爱野生动物

（最美最美的博物书）

著　　者：［韩］柳贤美
绘　　者：［韩］李愚晚
译　　者：江　凡
出版发行：中信出版集团股份有限公司
　　　　　（北京市朝阳区东三环北路 27 号嘉铭中心　邮编　100020）
承 印 者：北京中科印刷有限公司

开　　本：889mm×1194mm　1/16　　印　　张：20　　字　　数：370 千字
版　　次：2025 年 2 月第 1 版　　印　　次：2025 年 2 月第 1 次印刷
书　　号：ISBN 978-7-5217-7087-2　　京权图字：01-2012-7967
定　　价：146.00 元（全 5 册）

出　　品　中信童书
图书策划　巨眼
策划编辑　刘杨　崔宴彬　陈瑜
责任编辑　郑夏蕾
营　　销　中信童书营销中心
装帧设计　佟坤

出版发行　中信出版集团股份有限公司

服务热线：400-600-8099　网上订购：zxcbs.tmall.com
官方微博：weibo.com/citicpub　官方微信：中信出版集团
官方网站：www.press.citic

说明　主要收录现存的 25 种野生动物，何时何地观察并记录都有详细记载。

目录 ▸ ▸ ▸

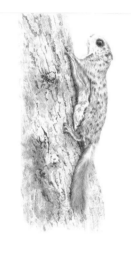

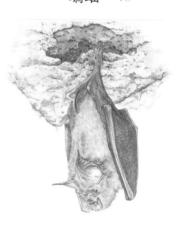

野猪

Wild Boar

别名：山猪
生存环境：山地
食物：野果、树根、虫子、蔬菜、谷物等
繁衍：一年 1 次，一次产 2 ～ 12 只
寿命：可达 12 年
分类：偶蹄目猪科

野猪是生活在山里的野生猪，不但个头大，力气也非常大。它看起来有点迟钝，但动作非常敏捷。野猪的背上长满浓密的针毛，能像闪电一样灵敏地穿梭于林间。它的皮很厚，所以不容易受伤。

野猪很常见。它们在没有东西吃的时候会跑到田里，用鼻子把农田拱乱，给农民带来许多麻烦，有时甚至还会跑到闹市区。

跟家猪长得很像，嘴巴很长。

雄性野猪的尖牙露在外面。由于经常使用，牙齿会磨损，有些野猪的尖牙就看不见了。

身长：100 ～ 180 厘米　体重：120 ～ 250 千克

11 月　韩国京畿道　抱川　国立树木园　山林动物园

刚出生一个月的野猪幼崽。

像松鼠一样，背上有花纹。

因为有花纹的掩护，在树丛中不容易被发现。

4 个月后，花纹会逐渐消失。

5 月　韩国京畿道　杨平　阳寿野猪农场

饥饿的野猪会从山上跑到红薯地里，把地刨乱，也会跑到水田里吃成熟的稻穗。

獐

Water Deer

别名：土麝、香獐、河鹿
生存环境：山地、湿地等
食物：草、树叶、蔬菜等
繁衍：一年1次，一次产1~4只
寿命：10年左右
分类：偶蹄目鹿科

獐是中国和朝鲜半岛的本土物种。在矮一些的山上或水边都能看见獐，汉江河口的湿地中也有许多獐。獐喜水，很会游泳。

獐和鹿长得很像，但是没有角。雄性的尖牙会露出来。雌性初夏会在水边的草丛中产崽，并把幼崽一只只分开藏起来，只有在幼崽发出叫声表示想要吃奶的时候，才去找它的幼崽。

雄性的尖牙会露出来。
雄性和雌性都没有角。
它们的腿又细又长，尾巴很短。
身长：90~120厘米　体重：14~20千克
6月　韩国京畿道　抱川　国立树木园　山林动物园
中国和朝鲜半岛的本土物种

獐很喜欢水。
它们会一边游泳一边吃水草，有时也吃莲花。
西方人把獐叫作"水鹿"。

因为湿地中有狐狸等天敌，雌性通常会把幼崽藏
得很深。

獐的幼崽
背上有白点。

狍

Roe Deer

别名：矮鹿、野羊

生存环境：山地

食物：树叶、草等

繁衍：一年 1 次，一次产 1 ~ 3 只

寿命：10 年左右

分类：偶蹄目鹿科

狍的屁股上有白色的毛，只要看屁股就可以区分狍和獐：有白毛的是狍，没有白毛的是獐。

狍的叫声像狗吠。到了交配的时节，雄性会嗷嗷地大叫，这是在召唤雌性。比起向阳的地方，狍更喜欢阴凉处。牛虻常在狍的皮毛里产卵，幼虫孵化后，会让狍的身上发痒。

耳朵很大，高高地竖立。

屁股上有大片白毛。

尾巴很短，看起来就像没有尾巴。

体长：100 ~ 140 厘米　体重：15 ~ 30 千克

11 月　韩国京畿道　抱川　国立树木园　山林动物园

狍

只有雄性会长角。长全的角像树枝一样分成三个叉。

每年 11 ～ 12 月角会脱落，第二年的 1 ～ 2 月又会重新长出来。

獐

没有角。

雄性的尖牙露在外面。

保护狍子

长尾斑羚

Long-tailed Goral

长尾斑羚大多生活在多岩石地带。长尾斑羚喜欢有阳光直射的悬崖，它们常在陡峭的悬崖边悠闲地反刍，一边俯视着山下的风景。

长尾斑羚即使从高处跑下也不会滑倒。它们喜欢攀岩，分成两瓣的蹄子非常善于攀爬。长尾斑羚都长角，但跟狍不一样的是，长尾斑羚的角不会脱落。

生存环境：多岩石的山地
食物：苔藓、草、树叶、石耳等
繁衍：一两年1次，一次产1～2只
寿命：15～20年
分类：偶蹄目牛科

浑身长满浓密的绒毛。
角向后弯曲，上面有环形突起。
脊背上有一条长长的黑色印记，尾巴的毛很长。
体长：100～130厘米　体重：22～42千克
12月　韩国江原道　杨口　长尾斑羚增殖复原中心

濒危物种

长尾斑羚多生活在高山上的陡峭悬崖边。

其灰色的毛跟岩石的颜色相似。

在炎夏，长尾斑羚以草为食，寒冬时则以箬竹或岩石上的苔藓为食。

貉

Raccoon Dog

别名：貉子

生存环境：山区、芦苇地等

食物：虫子、鱼、鸟蛋、蛇、老鼠、青蛙、野果等

繁衍：一年1次，一次产5～12只

寿命：7～10年

分类：食肉目犬科

貉是一种常见的野生动物，在山里或是平原上都能见到。由于貉经常见到人类，警戒心也消失了，有时还会傻愣愣地观察来山上散步的人们。

貉不挑食，什么都吃，据说有时还会去翻垃圾桶，排泄总是在固定的地方。它们冬天在洞穴里冬眠，但是天气暖和或是肚子饿的时候也会出来觅食。

眼周是黑色的，嘴很尖。身子胖嘟嘟的，尾巴上的毛乱蓬蓬的。

体长：52～66厘米　体重：6～10千克

6月　韩国京畿道　果川　首尔大公园　动物园

貉会在街边的排水管里安家。
母貉不管去哪里，都会留下幼崽看家。
图中为刚出生 1 个月的貉幼崽。

6月　韩国江原道　原州　真光中学附近

赤狐

Red Fox

别名：火狐
生存环境：山地、田野等
食物：老鼠、兔子、山鸡、野果等
繁衍：一年1次，一次产4～10只
寿命：可达15年
分类：食肉目犬科

过去在野外还能见到许多赤狐，但现在只有去动物园才能看见了。有人说由于人们投放老鼠药，因此喜欢吃老鼠的赤狐就消失了，也有人说人们为了获取狐皮而过度捕杀才导致赤狐消失。

赤狐很狡猾，计谋多。看见有人靠近时，雌性会假装受伤，一瘸一拐地朝窝的反方向逃走，用这样的方式欺骗敌人是为了保护自己的幼崽。赤狐一般不自己打洞，而是抢獾的窝供自己使用。

毛是红褐色的，尾巴粗大，眼睛细长。
身长：60～70厘米 尾巴长：40～47厘米
体重：5～10千克
6月 韩国京畿道 果川 首尔大公园 动物园

看见老鼠，赤狐噌的一声高高跃起，然后用前爪抓住。

狼的力气很大，甚至可以一口叼起一只山羊，其坚硬的牙齿可以把骨头咬碎。狼只在喂养幼崽的时候才在巢穴里生活，大多数时间都是漂泊不定，到处游荡。一般来说，一只首领狼会带领十几只狼组成狼群一起捕猎，一直将猎物追赶到筋疲力尽。狼可以闻到方圆两公里内的猎物的味道。

狼会仰起头发出"啊呜啊呜"的叫声，这是在向其他动物宣示该地是自己的领地。

狼

Wolf

别名：灰狼
生存环境：山地
食物：山羊、野兔、鸡等
繁衍：一年1次，一次产2～10只
寿命：约10年
分类：食肉目犬科

长得像大狗。
嘴比狗的更尖一些，视觉非常敏锐。
有一条很长的尾巴。
身长：100～160厘米　尾巴长：35～55厘米　体重：30～80千克
10月　韩国京畿道　抱川　国立树木园　山林动物园

豹猫

Leopard Cat

别名：山猫、野猫
生存环境：山地、田野等
食物：老鼠、野兔、鸟、鱼等
繁衍：一年1次，一次产2～4只
寿命：约10年
分类：食肉目猫科

豹猫又被叫作"小老虎"，虽然体形小，却是猛兽，是最凶猛的野生动物之一。在漆黑的夜晚，它们总是到处游荡，抓老鼠、兔子或者獾的幼崽吃，有时也会跑进村子里叼鸡吃。它们锋利的爪尖只有在捕猎时才会伸出来，舌头上有刺，方便舔食。

幸运的话，不论在深山还是在海边都能见到豹猫的身影。豹猫的粪便中常能见到其他动物的毛或骨头碎片。

跟家猫长得很像。
脸上有白色花纹。
耳朵后面有大大的白点。
尾巴长且粗。
身长：45～65厘米　尾巴长：23～30厘米　体重：3～7千克
12月　韩国忠清南道　瑞山　浅水湾

豹猫是出色的猎手，不仅身手敏捷，牙齿和爪子也非常锋利。

它会静静地守着，老鼠一出现就像弹簧一样跳起来，用尖利的前爪抓住猎物。

刚出生一个月的豹猫幼崽，在山上与妈妈走失，后被救助。

6月　韩国江原道　合川

猞猁

Lynx

别名：林狸、猞猁狲、马猞猁
生存环境：山地
食物：野兔、山鸡、老鼠等
繁衍：一年1次，一次产1~4只
寿命：12~15年
分类：食肉目猫科

猞猁长得非常有意思。它们的耳朵尖上有一撮黑毛高高竖起，四肢又细又长，尾巴像被剪过一样又短又秃。人们又把猞猁叫作"呆老虎"。

它们腿长脚大，在容易下陷的农田里也能自如行走。为了搜捕猎物，它们每天能行进40千米。在交配的季节，雄性会为了争夺雌性而互相打斗。

脸较圆，耳朵尖上有一撮黑毛高高竖起。
尾巴短小，尾端呈黑色，腿长脚大。
体长：85~130厘米　尾巴长：12~24厘米　体重：18~30千克
濒危野生动物

24

金钱豆浑身长满漂亮的花纹，因其花纹长得很像古代的钱币，所以叫作"金钱豹"。金钱豹喜欢躲在树上，等野猪或獐一类的猎物从树下经过，然后突然扑下来。

金钱豹多生活在深山中。过去，人们为了获取金钱豹的皮而滥捕滥杀，导致金钱豹的数量大大减少。现在金钱豹已经很少见了。

金钱豹

Leopard

别名：银豹子、豹子、文豹
生存环境：山地等
食物：野猪、獐、鹿、兔子、山羊等
繁衍：一年1次，一次产1~5只
寿命：12~15年
分类：食肉目猫科

视觉敏锐，黄色的底色上有黑色的古钱币形花纹。
古钱币形花纹一直延伸到腿上，变成点状花纹。尾巴又粗又长。
体长：100~180厘米　尾巴长：70~100厘米　体重：30~80千克
6月　韩国京畿道　果川　首尔大公园　动物园
濒危野生动物

25

虎

Tiger

别名：老虎
生存环境：山地
食物：野猪、山羊、獐等
繁衍：两三年1次，一次产1~5只
寿命：可达25年
分类：食肉目猫科

虎，又叫老虎，是最凶恶的猛兽之一，长得威风凛凛，非常帅气。由于从前老虎特别多，所以直到现在，有好多地方还保留着"虎石""虎村""虎头"等名字。

老虎躲在树丛中的时候有花纹掩护，不容易被发现。它们会静静地盯着猎物，然后突然扑上来一口咬住，让猎物当场毙命。日落时分，老虎会"呜呜"地叫唤，整个山上都能听到回声，让人脊背发凉。

头又大又圆，眼睛在夜晚会发光。
黄色的底色上有黑色花纹。
前爪比后爪大，尾巴很长。
身长：140~280厘米　尾巴长：70~100厘米　体重：100~300千克
7月　韩国京畿道　抱川　国立树木园　山林动物园
濒危野生动物

老虎能在零下 30 摄氏度的寒冷天气中存活，一天能行进数十千米。
它们渴了就以雪为食，无聊时还会在雪地里打滚。
在交配的季节，雄性会到处寻找雌性。

亚洲黑熊

Asiatic Black Bear

别名：月熊、黑瞎子
生存环境：山地
食物：橡果、树叶、鱼、鸟蛋、昆虫、蜂蜜等
繁衍：一年1次，一次产1～3只
寿命：15～25年
分类：食肉目熊科

亚洲黑熊的前胸有一块半月形的白色花纹，体格健壮，前肢的力气很大。它们看起来似乎很迟钝，其实动作特别敏捷，还擅长爬树。它们尤其喜欢橡果，也喜欢抱着蜂巢舔食蜂蜜。

过去有数以千计的亚洲黑熊被捕杀，现在很多地方已经没有野生亚洲黑熊了。

前胸有一块半月形的白色花纹。
嘴巴较长，耳朵圆圆的。
身披黑色皮毛，体格健壮。
身长：130～180厘米　体重：65～200千克
6月　韩国京畿道　果川　首尔大公园　动物园
濒危野生动物

亚洲黑熊擅长爬树。
它们能轻松爬到树顶上，也能轻松从树上下来。
它们的爪子既长又锋利，非常适合爬树。
6月　韩国智异山　濒危物种复原中心

亚洲黑熊常在空心树洞或石洞里冬眠。
母熊会在冬眠的时候生下幼崽。
天气转暖后，母熊就会带着幼崽从洞里出来。

黄喉貂

Yellow-throated
Marten

别名：青鼬、蜜狗
生存环境：森林
食物：野兔、鼠类、鸟、野果等
繁衍：一年1次，一次产2～5只
寿命：可达14年
分类：食肉目鼬科

黄喉貂的皮毛很华丽，全身除了头、脚和尾巴是黑色的，其他地方都是鲜黄色，所以老远就能看见它。黄喉貂善于爬树，能在间距2～3米的树间轻松地跳来跳去，在树上追捕鼯鼠或松鼠等猎物。如果遇到像獐这样的大型野兽，黄喉貂会找同伴一起捕猎。

黄喉貂虽然是凶猛的肉食动物，但也会吃猕猴桃或是黑枣之类的野果。因为喜欢吃蜂蜜，黄喉貂也被叫作"蜜狗"。

全身除了头、脚和尾巴是黑色的，其他地方都是鲜黄色。
头很小，呈倒三角形，身子又细又长。
尾巴粗且长。
身长：60～68厘米　尾巴长：40～45厘米　体重：3～5千克
4月　韩国江原道　五台山　月精寺

体形很小，身体瘦长，尾巴非常短。

毛为栗色，肚子上有白毛。

身长：15～18厘米　尾巴长：3～5厘米　体重：50～100克

4月　韩国庆尚北道　无名山

跟黄鼬长得很像，但是体形比黄鼬小，体重通常不到100克。它们能轻松地穿梭于老鼠洞中捕捉老鼠，不论白天晚上都到处游荡，也不冬眠。

伶鼬常见于北方。它们一到冬天皮毛就会变成雪白色，所以也被叫作"白鼠"。

伶鼬

Least Weasel

别名：银鼠、白鼠、倭伶鼬

生存环境：草原、森林、田地等

食物：老鼠、青蛙、昆虫等

繁衍：一年1～2次，一次产3～12只

寿命：约10年

分类：食肉目鼬科

黄鼬

Siberian Weasel

别名：黄鼠狼、黄皮子
生存环境：山地、平原等
食物：老鼠、青蛙、鱼、鸡、鸟蛋等
繁衍：一年 1 次，一次产 2 ～ 10 只
寿命：约 8 年
分类：食肉目鼬科

黄鼬擅长抓老鼠，一天能捕食 5 ～ 8 只，一年能捕食上千只。它们常在树丛和石头缝中穿梭。黄鼬非常凶猛，即使肚子不饿，看见老鼠时也会扑上去咬死。

观察周围环境的时候，黄鼬会抬起前爪，站起来环顾四周。察觉到危险的时候它会从肛门处喷出臭液，然后逃走。

毛是黄色的。
眼睛周边有黑毛，嘴边有一圈白毛。
身体又细又长，尾巴也很长，腿较短。
体长：25 ～ 35 厘米　尾巴长：12 ～ 21 厘米
体重：250 ～ 1000 克
9 月　韩国京畿道　始兴

向洞外探出身子张望。
由于身材瘦小，即使在小洞或是狭窄的石头
缝中也能敏捷地进出。

黄鼬会在自己常出没的地方留下粪便。

黄鼬会偷野鸭等鸟类的蛋吃。

獾

Badger

别名：狗獾
生存环境：森林、田地等
食物：虫子、老鼠、青蛙、野果、玉米等
繁衍：一年1次，一次产2～6只
寿命：12～15年
分类：食肉目鼬科

獾很擅长打洞，前爪十分坚硬。它们每年都会把洞打得更深一些，因此洞里非常暖和，大小便也会去专门的地方。

獾喜欢吃虫子，据说一次可以吃上百条蚯蚓，甚至还会吃自己粪堆上的虫子。

它们像熊一样长得胖嘟嘟的，因此也被叫作"地熊"。它们经常经过的地方会被踩出一条小路。

獾很胖，头小，呈倒三角形。
脸上有两条黑色的花纹，腿又粗又短，前爪十分
坚硬，身长：50～90厘米　体重：5～12千克
4月　韩国京畿道　华城　小熊獾农场

獾很擅长打洞。
它们的洞会一代代传下去，深且结构复杂。
貉或狐狸有时也会抢獾的窝。

图为出生 1 个月左右的獾幼崽。
刚生下来的幼崽毛还没有长出来，眼睛也睁不开。
1 个月左右时眼睛会睁开，大概会吃 3 个月的母乳。

4 月　韩国京畿道　华城　小熊獾农场

水獭

Otter

别名：獭猫、鱼猫、水狗、水毛子、水猴
生存环境：水边
食物：鱼、昆虫等
繁衍：全年繁殖，一次产 1 ~ 5 只
寿命：10 ~ 15 年
分类：食肉目鼬科

水獭多生活在清澈的水边，脚趾间有蹼，因此很擅长游泳，会淘气地在水里游玩。水獭的鼻孔和耳孔在水下会自然闭合，又粗又大的尾巴在游泳时可以掌握方向。就算全身都湿透了，只要抖抖身体，它就能迅速甩干水分。

水獭在陆地上活动时慢腾腾的，因为腿短，肚子总会触地。它们在陆地上也很淘气，冬天会在雪地上滑行。

头很圆，眼睛是黑色的，身材修长。
腿很短，尾巴又粗又长，越往尾巴尖越细。
脚趾间有蹼。
身长：70 ~ 75 厘米　尾巴长：30 ~ 50 厘米　体重：5 ~ 20 千克
8 月　韩国京畿道　果川　首尔大公园　动物园
濒危野生动物

雌性水獭托起幼崽的尾巴，教幼崽游泳。

雌性水獭和幼崽会一起生活 6 个月左右，其间雌性水獭会教幼崽游泳
和捕食。
分别的日子临近时，雌性水獭便停止喂食幼崽。
即使幼崽害怕，雌性水獭也会强行将幼崽赶进水里。

听见幼崽叫了，雌性水獭把它从水里叼出。

水獭最喜欢的食物是鱼。

水獭在石头堆或沙堆上排泄。
粪便中可以看到许多鱼刺或是鱼骨。

高丽兔

Korean Hare

别名：山兔
生存环境：山地、田野
食物：草、树叶等
繁衍：一年 2～3 次，一次产 1～4 只
寿命：约 5 年
分类：兔形目兔科

高丽兔常在高山顶上出没，在田野上也能见到。它们没有固定的居所，常躲藏在茂密的树丛或是石头堆里。从前高丽兔在韩国非常常见，如今数量急剧下降。

高丽兔不会走路，总是一蹦一跳的，后腿特别长，善于攀登，就连陡峭的山坡也不在话下。它们常一边行进一边排泄。幼崽出生后会逐渐长出软软的毛并睁开眼睛，十几天后就开始蹦蹦跳跳了。

高丽兔长着栗色的绒毛，耳朵又大又长。
身长：42～52 厘米　耳朵长：8～10 厘米　体重：1.5～3 千克
4 月　韩国京畿道　水原　七宝山

高丽兔的后腿比前腿大得多。
12 月　韩国忠清北道　丹阳　小白山

长着浓密的红褐色绒毛，冬季耳尖上会生出长长的簇毛。

尾巴又大又长，看起来很蓬松。

身长：20 ~ 25 厘米　尾巴长：13 ~ 20 厘米

体重：250 ~ 350 克

11 月　韩国首尔　峨嵯山

欧亚红松鼠

Eurasian Red Squirrel

　　欧亚红松鼠生活在树上，从高山到公园，随处可见它们的踪迹。白天它们常从一棵树跳到另一棵树，一秒钟也不停歇，偶尔会跑到地面上捡吃的，也喜欢盯着人看。

　　秋天的时候，它们会把松子或橡果等埋在地里，准备过冬。欧亚红松鼠不冬眠。到了春天，那些埋在地底下却没被找到的种子会发出新芽。

生存环境：森林等

食物：松果、橡果、鸟蛋、虫子等

繁衍：一年 1 ~ 2 次，一次产 1 ~ 7 只

寿命：3 ~ 7 年

分类：啮齿目松鼠科

花鼠

Siberian Chipmunk

别名：五道眉

生存环境：森林等

食物：橡果、栗子、蜥蜴等

繁衍：一年1~2次，一次产4~6只

寿命：5~6年

分类：啮齿目松鼠科

花鼠虽然很擅长爬树，但大多数时间在地面上活动，有时候也会呆呆地站在山路边的石头堆上。它们体形瘦小，动作轻盈敏捷，会发出"吱吱"的叫声。

花鼠有颊囊，一到秋天就把颊囊里塞满食物，四处埋起来或运回窝里。等到从冬眠中醒来或者到了第二年春天，它才开始吃自己贮存的食物。

眼睛是黑色的，背上有五条黑色的纵纹。尾巴比松鼠的小。

身长：12~17厘米　　尾巴长：8~13厘米

体重：70~100克

5月　韩国首尔　孝昌公园

冬天的时候，花鼠在地洞里蜷成一团冬眠。

新芽长出之前，花鼠会以雪为食来补充水分。
花开了以后，它也会吃花瓣。

4月　昌庆宫

花鼠将颊囊塞得满满的。
它一次可以塞 6 ~ 10 个橡果。

将食物埋在只有自己能找到的地方。

花鼠那么辛苦地把橡果藏起来，却没办法全部找到。
托花鼠的福，第二年春天种子会发出新芽。

10月　韩国京畿道　富川　远美山

小飞鼠

Siberian
Flying Squirrel

别名：鼯鼠、飞鼠
生存环境：森林
食物：树叶、野果等
繁衍：一年 1 ~ 2 次，一次产 2 ~ 3 只
寿命：5 ~ 10 年
分类：啮齿目鼯鼠科

小飞鼠会在树间飞来飞去，可以从高枝唰的一下飞到低枝上。它们有像翅膀一样的飞膜，又长又软的尾巴可以掌控方向，让它轻盈地滑行到自己想去的地方。

小飞鼠通常在晚上活动，白天睡觉。睡觉时身体蜷成一团，像个球一样，尾巴则盖在身上。它们不冬眠，冬天口渴的时候会以雪为食。

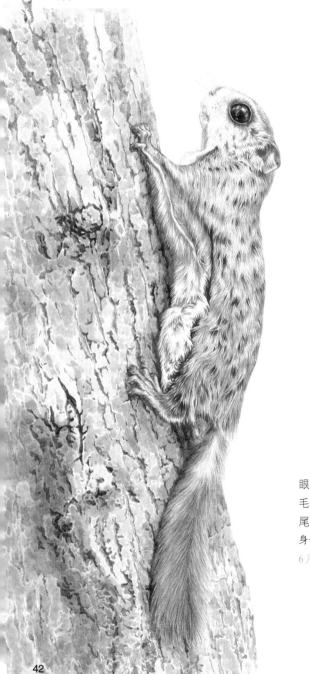

在树上打一个洞，有什么动静就会探出头来张望。

眼睛又大又黑，有黑色的眼圈，因此眼睛看起来特别大。
毛非常软，背上的毛是灰色与栗色相间的，肚子上的毛是白色的。
尾巴又扁又长。
身长：10 ~ 16 厘米　尾巴长：10 ~ 12 厘米　体重：80 ~ 120 克
6月　韩国江原道　华川　广德山

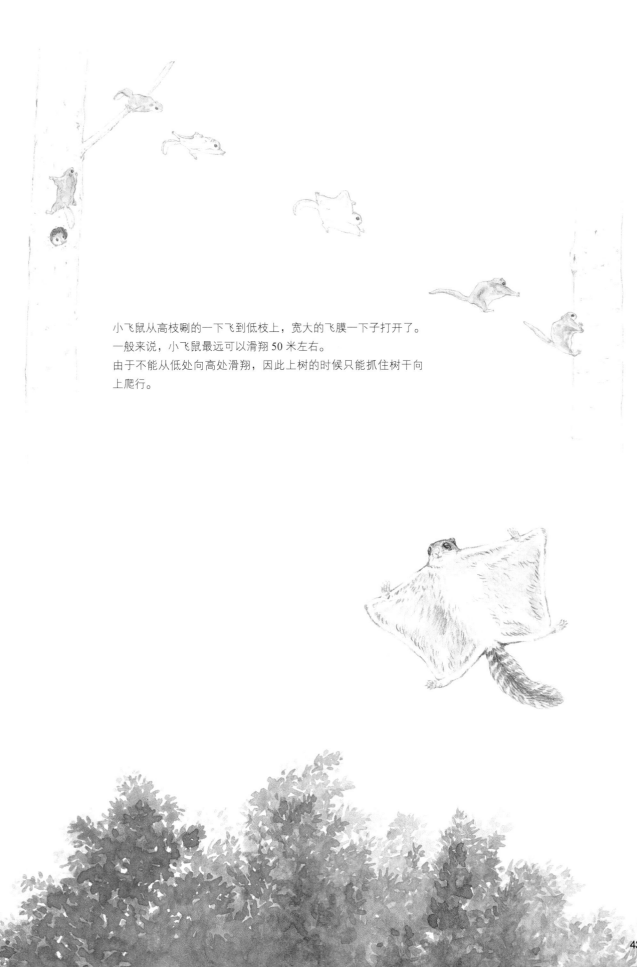

小飞鼠从高枝唰的一下飞到低枝上，宽大的飞膜一下子打开了。

一般来说，小飞鼠最远可以滑翔 50 米左右。

由于不能从低处向高处滑翔，因此上树的时候只能抓住树干向上爬行。

鼠

Mouse, Rat

别名：老鼠、耗子
生存环境：广泛分布于人居环境中及野外
食物：谷物、蔬菜、野果等
繁衍：一年3～4次，一次产6～9只
寿命：约3年
分类：啮齿目鼠科

野生鼠多见于山里或田野中，家鼠则常在住宅附近出没。家鼠经常在仓库里出现，有时候也会进入住宅，城市街道上常能见到。鼠一年可以生三到四窝，一窝能产6～9只，繁殖能力非常强。

鼠和兔子一样，前牙会不停地生长，因此，不饿的时候，它们也会啃咬书本、树木或是在建筑物的墙上磨牙。

黑线姬鼠
体形小，是常见的野生鼠之一。
黑线姬鼠的背上有一条黑线，由此得名。
尾巴很长。
身长：7～14厘米　尾巴长：6～10厘米　体重：12～50克
12月　韩国京畿道　抱川　无名山

褐家鼠

只要有人的地方就有褐家鼠。

下水道里也有它们的踪迹。

身长：18 ~ 28 厘米　尾巴长：15 ~ 30 厘米

体重：150 ~ 300 克

巢鼠

体形最小的野生鼠之一。

由于体重很轻，就算爬上芦苇叶，叶子也不会被压弯。

它们会把长长的草叶撕成细长条，再做成鸟窝状的巢。

秋天的时候它们会在地上挖洞，然后钻进洞里生活。

身长：5 ~ 8 厘米　尾巴长：4 ~ 9 厘米　体重：5 ~ 14 克

6月　韩国庆尚南道　洛东江

蝙蝠

Bat

别名：天鼠、挂鼠、天蝠、老鼠皮翼
生存环境：洞穴、树洞等
食物：飞蛾、蚊子、苍蝇、萤火虫等
繁衍：一年1次，一次产1～2只
寿命：4～40年
分类：翼手目

蝙蝠是会飞行的哺乳动物，四肢间有像翅膀一样的翼膜。它们的身体长得很像老鼠，会在白天躲起来，天一黑就出来活动。它们的视力不好，但是能发出我们听不到的超声波，并利用回声定位来捕食。

蝙蝠喜欢飞蛾或蚊子一类的昆虫，一天可以捕食接近自身体重一半的食物。在昆虫较少的晚秋，某些种类的蝙蝠会回到洞里倒挂起来冬眠，直到春天来临。

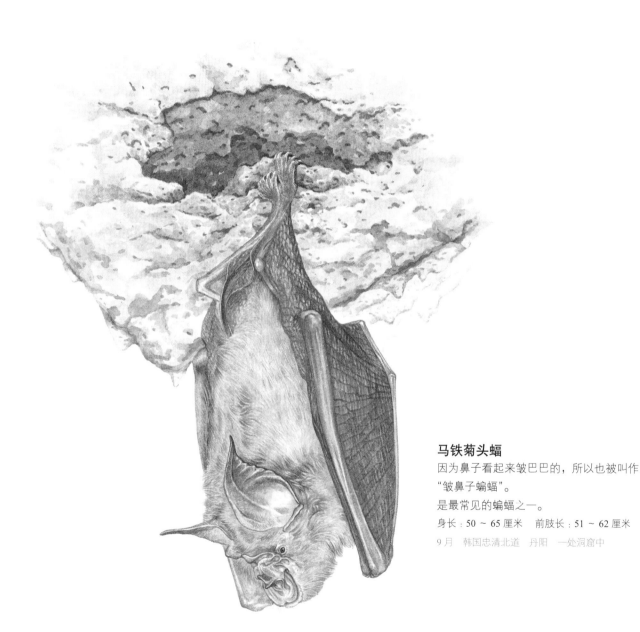

马铁菊头蝠
因为鼻子看起来皱巴巴的，所以也被叫作"皱鼻子蝙蝠"。
是最常见的蝙蝠之一。
身长：50～65厘米　前肢长：51～62厘米
9月　韩国忠清北道　丹阳　一处洞窟中

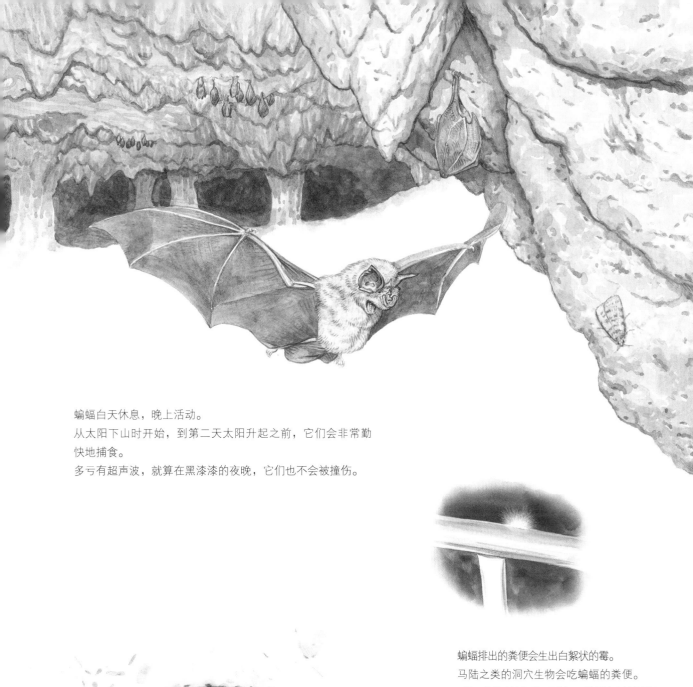

蝙蝠白天休息，晚上活动。

从太阳下山时开始，到第二天太阳升起之前，它们会非常勤快地捕食。

多亏有超声波，就算在黑漆漆的夜晚，它们也不会被撞伤。

蝙蝠排出的粪便会生出白絮状的霉。

马陆之类的洞穴生物会吃蝙蝠的粪便。

9月　韩国忠清北道　丹阳　一处洞窟中的扶手上

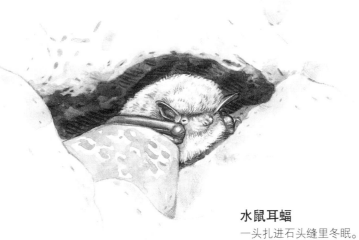

水鼠耳蝠

一头扎进石头缝里冬眠。

11月　韩国江原道　神林　一处洞窟中

刺猬

Hedgehog

别名：刺团、猬鼠、刺猪
生存环境：森林、田野等
食物：虫子、鸟蛋、野果等
繁衍：一年1~2次，一次产2~5只
寿命：4~7年
分类：猬形目猬科

刺猬长着尖利的刺，一察觉到危险，就会将身体蜷成球形，刺也会竖立起来。如果被刺猬的刺扎到会非常疼。新生的刺猬幼崽身上有尚未变硬的软刺。

刺猬的体形胖嘟嘟的，腿很短，因此行动起来慢腾腾地，走不快，只能蹒跚前行。

背上长满锋利的刺。
脸上、肚子和腿上不长刺，嘴巴尖尖的。
身长：10~25厘米　体重：400~1000克
7月　韩国忠清北道　堤川

察觉到危险时会像球一样蜷成一团，一动不动。

鼹鼠

Mole

鼹鼠生活在地底，前爪坚硬又锋利，擅长挖土，每天能挖数百米，常边挖边找寻蚯蚓或蝉若虫之类的食物。虽然视力很差，但它的嗅觉十分灵敏。

鼹鼠喜欢吃的虫子大都生活在土里，当鼹鼠一点一点地挖掘时，土里的虫子就会涌出来。在树林中的路上或田埂上常能看见鼹鼠经过的痕迹。

别名：隐鼠
生存环境：森林、田野等
食物：蚯蚓、蜈蚣、蚂蚁等
幼崽：一年1次，一次产2～6只
寿命：3～8年
分类：鼩鼱目鼹科

小缺齿鼹
长着深栗色的毛，有光泽，非常柔软。
眼睛非常小，几乎看不见。
前爪大而锋利。
身长：13～19厘米　体重：50～180克
7月　韩国江原道　杨口

虎斑地鸫跟在鼹鼠后面捡蚯蚓吃。
它非常专心，人类靠近时也没有察觉。
10月　韩国首尔　峨嵯山

现存的野生动物

　　野生动物在大都市里也能见到。有时候它们会从附近的山上下来，或是顺着下水道和河道来到城市中。去公园或是河岸边的时候仔细观察一下，说不定会看到野生动物在盯着你看呢。

去看野生动物吧

想要亲眼见到野生动物不太容易，因为许多野生动物都在漆黑的夜间出来活动。你也可以去野外试试运气！

手电筒
晚上观察野生动物的时候使用。观察洞穴中的蝙蝠时也可以使用。

塑料袋和塑料瓶
可以装动物粪便或是毛发。

OHP胶片和油性笔
画动物脚印的时候使用。

衣着
即使在夏天也应该穿长袖长裤。

安全帽
进入洞穴的时候一定要戴，否则可能会被洞穴里掉下的石头砸伤头部。

手套

雨靴
去水边的时候穿。

尺子
用来测量脚印或粪便的大小。

镊子
夹粪便的时候使用。

小刀

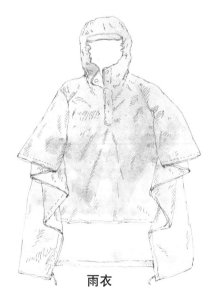

雨衣

水和食物

放大镜

指南针

照相机

笔记本

图鉴

动物图鉴

山路上可能会有捕兽夹，被捕兽夹夹住会
受伤，因此一定要跟在大人后面。

找到野生动物经常行走的小路。
试着推测野生动物的身高，蜷缩着坐下来。
试试看像貘一样爬行，说不定在附近还能看见貘
的粪便呢。

在树林里闭上眼睛站着，试着用耳朵去倾听：有
沙沙的落叶声，不知是谁嗒嗒嗒啄树木的声音，
呜呜的叫声，风声……

野猪会在树干上摩擦背部，因此会有毛发留
在树皮的缝隙中。
野猪的毛多会分叉。

观察有趣的脚印

野生动物留下的痕迹很容易发现，慢慢地边走边仔细观察就会找到。
若看到新鲜的粪便或脚印，说明野生动物就在附近。

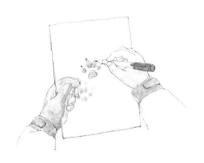

把透明的OHP胶片放在脚印上面描，
描出的大小和样子就和实际的脚印一样了。

用镊子把粪便装进塑料袋或塑料瓶里。
千万不能用手抓，因为动物的粪便里可能会
有寄生虫。

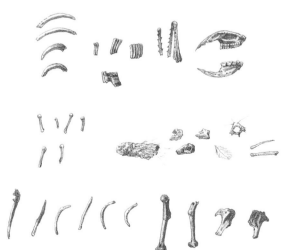

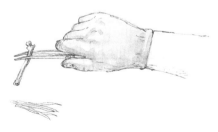

光看粪便就可以知道动物吃了什么。
这堆粪便里有许多骨头，也有毛发，说明这堆粪便的
主人不是植食动物。

豹猫

爪子不会显现。

貉

脚印像狗的脚印一样，爪尖会显现出来。

水獭

可以模糊地看到脚趾间有蹼。

獐

獐的脚印呈两瓣。

野猪

野猪的脚印很大，两个小脚趾能清晰显现。

亚洲黑熊

如果把爪尖去掉，看起来和人的脚印很相似。

人

粪便

高丽兔

扁圆形，容易碎。

长尾斑羚

比獐的粪便略长，不常见。

獐

像黑豆子一样，有时粘连成一团。

水獭

粪便里会有鱼刺、骨头或鱼鳞，有腥味。

豹猫

粪便粗大有节，里面常有许多动物的皮毛或骨头。

貉

新鲜的粪便堆在之前的粪便上。粪便里有葡萄籽、稻种、昆虫的腿等。

动物宝宝

哺乳动物的幼崽都像人一样吃母乳。

哺乳动物大部分体表有毛，能调节体温，属恒温动物。

鼹鼠
鼹鼠的毛非常柔软。

刺猬
刺猬的体表一部分长着毛发，一部分长着尖刺。

海豚
海豚是哺乳动物，但是身上没有毛。

豹猫
豹猫用坚硬而锋利的尖牙撕咬肉类。

獐
獐用臼齿咀嚼草。

高丽兔
高丽兔用坚硬的门齿啃食食

有尖爪的野生动物

豹猫
捕食猎物的时候会伸出爪子。

长尾斑羚
没有爪子，只有蹄子。

獾
有又大又坚硬的爪子，擅长挖洞。

陆地哺乳动物的种类

食虫目	食虫目是指以捕食虫子为生的动物。	鼹鼠
猬形目	猬形目是从食虫目中分离出来的。	刺猬
翼手目	有像翅膀一样的翼膜，可以飞行。	蝙蝠
啮齿目	"啮齿"是指用牙齿啃东西。它们能用坚硬的门牙啃食。	小飞鼠　花鼠　欧洲红松鼠　黑线姬鼠　巢鼠
兔形目	像老鼠一样，门牙会一直不停地生长。	高丽兔
食肉目	食肉目指主要以肉类为食的动物。它们能用坚硬锋利的尖牙撕咬肉类。	
偶蹄目	趾为双数的动物。除了野猪和河马等，其他多为食草动物，会反刍。	

食肉目

• 狗科

貉　　赤狐　　狼

• 熊科

亚洲黑熊

• 猫科

豹猫　　猞猁　　金钱豹　　虎

• 鼬科

黄鼬　　伶鼬　　黄喉貂　　獾　　水獭

偶蹄目

野猪　　獐　　狍　　长尾斑羚

索　引

动物们的学名

作者简介

作者　**柳贤美**　毕业于韩国外国语大学英文系，现为童书作家。代表作有《儿童动物痕迹微型图鉴》《想看看有什么生活在海边》等。

绘者　**李愚晚**　毕业于韩国弘益大学西洋画专业。因为喜欢动物，他经常去山上、田野或是水边观察动物。代表作有《傻瓜一般的生活故事》《小种子的梦想——森林》等。

最美最美的
博物书

[韩]柳贤美 著　[韩]金是荣 绘　江凡 译　解焱 审校

中信出版集团 | 北京

图书在版编目（CIP）数据

我爱家畜 / （韩）柳贤美著 ；（韩）金是荣绘 ；江
凡译 . -- 北京 : 中信出版社，2025. 2. --（最美最美
的博物书）. -- ISBN 978-7-5217-7087-2

Ⅰ . S82-49

中国国家版本馆 CIP 数据核字第 2025FV5807 号

我爱家畜
（最美最美的博物书）

著　者：[韩]柳贤美
绘　者：[韩]金是荣
译　者：江　凡
出版发行：中信出版集团股份有限公司
　　　　　（北京市朝阳区东三环北路 27 号嘉铭中心　邮编　100020）
承 印 者：北京中科印刷有限公司

开　　本：889mm×1194mm　1/16　　印　张：20　　字　数：370 千字
版　　次：2025 年 2 月第 1 版　　印　次：2025 年 2 月第 1 次印刷
书　　号：ISBN 978-7-5217-7087-2　　京权图字：01-2012-7952
定　　价：146.00 元（全 5 册）

出　品　中信童书
图书策划　巨眼
策划编辑　刘杨　崔宴彬　陈瑜
责任编辑　郑夏蕾
营　　销　中信童书营销中心
装帧设计　佟坤

出版发行　中信出版集团股份有限公司

服务热线：400-600-8099　网上订购：zxcbs.tmall.com
官方微博：weibo.com/citicpub　官方微信：中信出版集团
官方网站：www.press.citic

说明　主要收录16种家畜，所有配图都是在乡村、农场或动物园里现场观察后所绘。

目录 ▸ ▸ ▸

狗　22　　　　　　　　　　　　　猫　26

猪　30　　　　　　　　　　　　黄牛　32

奶牛　36

山羊　38　　　　　　　　　　　　　绵羊　40

马　42

矮种马　44　　　　　　　　　　　　驴　45

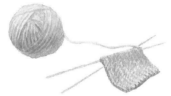

鸡

Chicken

分类：鸟纲鸡形目雉科
身长：30 ～ 50 厘米
体重：1.6 ～ 2.5 千克
食物：谷物、蔬菜、草、虫等
卵：一年约产 200 ～ 300 枚

人们是为了吃鸡蛋和鸡肉才养鸡的，有些鸡被养在自家院子里，而有些鸡被养在养鸡场里。据说人类从6000年前起就开始养鸡，等鸡长大后就把翅膀上的羽毛剪掉，因此鸡飞不了太高。而且，由于长时间在陆地上生活，鸡的两条腿很强壮。

鸡喜欢吃蚯蚓和蚱蜢。由于没有牙齿，鸡常常将食物整个儿吞下去。为了帮助消化，鸡会将食物连同沙粒甚至玻璃碎片一起吞下去。鸡在晚上看不清东西，阴天或下雨的时候，视力也会变弱。

鸡距

公鸡
也叫作"雄鸡"。
比母鸡个头大，毛色更鲜亮一些。
鸡冠大，尾羽很长。
爪后有鸡距。

母鸡
比公鸡个头小，没有鸡距。

公鸡很凶猛，如果有别的公鸡到
自己的地盘上游荡，它会与对方
打架，用锋利的喙去啄或用鸡爪
去抓，从而将其赶出去。有时候
它们也会扑人。

母鸡孵蛋需 21 日左右。母鸡孵小鸡的时候不太吃东西，
也不动。小鸡会凭借自己的力量破壳而出。约 5 个月后，
一只只小鸡就长成了威风凛凛的公鸡或母鸡。

鸡喜欢在沙子中"洗澡"。
如果浑身裹满沙子，使劲一抖，
羽毛里面的小虫子和沙子就能被抖下来。
夏天的时候，为了防暑降温，它们也会
挖个坑卧在里面。

乌鸡

乌鸡的皮肤、肌肉、骨头及大部分内脏都
是黑色的。

鸡只有喙，喝水的时候水会从喙里流出来。
因此，鸡通常用喙啄一口水，把头高高抬起再
吞下去。

小鸡总是跟在母鸡后面跑来跑去，
学着母鸡的样子啄食、喝水。
当像猫那样的天敌出现的时候，小鸡就会赶紧跑
到母鸡的翅膀下面躲起来。

鸡通常会在栖木上睡觉，它们可以用爪子牢牢抓住栖木，因此不会
掉下来。每到凌晨，公鸡都会第一个起来，发出"喔喔"的叫声。

鹌鹑

Quail

别名：鹑鸟、宛鹑、奔鹑
分类：鸟纲鸡形目雉科
身长：18～20厘米
体重：110～150克
食物：草籽、谷物、虫等
卵：一年约产240～300枚

鹌鹑比鸽子稍小，尾羽也稍短一些，身子矮圆矮圆的。由于翅膀很短，一般只能飞3～5米高。野生鹌鹑现在大都生活在开阔的原野或山脚。

在农场里养的鹌鹑比野生鹌鹑长得快得多，出生42～45天左右就开始下蛋，一年约产240～300枚蛋。鹌鹑蛋上布满了斑点。

身体又小又圆，尾羽很短，
也被叫作鹑鸟。

鹌鹑蛋比鸡蛋小得多，
上面布满斑纹，壳也比鸡蛋壳薄得多。

火鸡从头到脖子都是皱巴巴的，上面的皮瘤时而火红时而亮蓝。火鸡最早是在墨西哥被驯化的，用来祭祀或当作食物，羽毛会被制成装饰品。美国人在感恩节和圣诞节有吃火鸡的传统。

雄火鸡长得非常帅气，在交配的季节，为了吸引雌火鸡，雄火鸡会把尾巴像扇子一样打开。兴奋的时候，其头上的皮瘤会突然变成蓝色。

火鸡

Turkey

分类：鸟纲鸡形目雉科
身长：90～120厘米
体重：3.5～15千克
食物：谷物、草、虫等
卵：一年约产60～90枚

雄火鸡在交配的季节为了吸引雌火鸡，会把尾巴像扇子一样张开。

雌火鸡羽毛的颜色很朴素，
体形只有雄火鸡的一半大。
小火鸡出壳7个月左右就完全长大了。

鸭

Duck

分类：鸟纲雁形目鸭科
身长：40～60厘米
体重：2～4千克
食物：种子、水草、虫、青蛙等
卵：一年约产150～180枚

鸭喜水，所以大多养在水边。鸭掌上有蹼，很擅长游泳。鸭常在水中游玩，休息或睡觉的时候会上岸。由于脚长在整个身体的后端，又很短，鸭走起路来总是一摇一摆的。鸭的尾巴上有皮脂腺，会分泌油脂，鸭会用喙将这些油脂均匀地涂抹在周身的羽毛上，让羽毛泡在水中时不被浸湿。

鸭喜欢群居。一只母鸭一年约产150～180枚蛋。鸭蛋比鸡蛋稍大一些。鸭毛柔软又保暖，多用来做被芯和羽绒服。

鸭掌上有蹼，很擅长游泳。
大部分家鸭的祖先是绿头鸭。

小鸭会把出生后第一个见到的动物
当作妈妈，并跟在后面。

鸭是农田里的好帮手。

鸭能疏松土壤，吃田里的杂草，还会吃田里的害虫，在田里排泄的粪便也会变成肥料。

有鸭的田地不需要喷洒药性很强的农药。

鹅

Goose

分类：鸟纲雁形目鸭科
身长：55 ~ 90 厘米
体重：4 ~ 12 千克
食物：草籽、谷物、虫等
卵：一年约产 40 ~ 70 枚

鹅的体形比鸭大得多，叫声也更大，一旦有陌生的动物走近，就会发出响亮的"嘎嘎"声，有时还会猛扑过去啄几下，因此从前养鹅大多是为了看家。鹅不但视力好，听力也好，是个看家的好手。它们张开翅膀的样子很漂亮，但是飞行能力较弱。

鹅攻击性强，连蛇都不怕。在经常有蛇出没的乡村，村民会专门养些鹅。轻柔暖和的鹅毛大多用来做被芯和羽绒服。

鹅的体形很大。
有些鹅全身长满雪白的羽毛，
也有一些长着灰色或栗色的
羽毛。

鹅的胃口很好，也不怕蛇。

鹅是看家的好手。
如果有陌生人走近，鹅就会发出响亮的"嘎嘎"声，
有时还会张开翅膀猛扑过去。

鹅喜欢群居。
公鹅比母鹅的体形大，有的品种额头上
还有一个很大的肉瘤。

兔

Rabbit

分类：哺乳纲兔形目兔科
身长：20 ~ 30 厘米
体重：2.5 ~ 3.5 千克
食物：草、蔬菜等
繁衍：一年多次，每次产 2 ~ 8 只

兔的耳朵很长，可以随意摆动，稍有动静就能察觉。它的前腿很短，所以只能蹦蹦跳跳地活动。兔子喜欢保持清洁，只要有空就会梳理自己的毛。家兔的祖先是穴兔，因此它们总是不停地打洞。

兔子喜欢蒲公英或是苦菜这类带苦味的植物，还会捡食自己的粪便。它们一开始拉出的粪便是黏黏的，吃下去后再次拉出的粪便会变得扁圆、坚硬。

兔毛很柔软。
兔毛的颜色有许多种，如白色、黑色、黄色或灰色。
也有混色的兔。

红薯

兔子的食物

兔子喜欢蒲公英、苦菜或山莴苣这类带苦味的植物，
也吃胡萝卜、圆白菜等蔬菜。

胡萝卜

车轴草

蒲公英

圆白菜

兔子的粪便

很松脆，有草的味道。
第二次排出的粪便像是揉成一团的干草。

兔子的牙印

兔子跟老鼠一样，门牙会一直生长。
为了磨牙，它们一有空就会啃些坚硬
的东西。

狗

Dog

分类：哺乳纲食肉目犬科
身高：8～90厘米
体重：0.5～120千克
食物：肉类、饭菜、水果等
繁衍：一年1～2次，每次产1～10只

狗很伶俐，不但视觉、嗅觉很灵敏，听觉也很灵敏。如果从小开始饲养，狗会很听主人的话。它们能给盲人领路，还能照看鸭子或羊之类的家畜。虽然在主人身边很温顺，但是狗一看见陌生人就变得凶猛起来，会"汪汪"大叫。因此，人们从很早以前就开始饲养狗来看家。

土狗不挑食，会吃剩饭剩菜，甚至还吃人的粪便。

刚刚出生的小狗睁不开眼睛，只能闻着味道找妈妈吃奶。过10天左右，小狗就能睁开眼睛了，20天左右会开始学走路。

狗的祖先是灰狼。
狗的嘴没有狼的那么尖，尾巴也稍短。
牙齿很锋利，咬合力很强。

狗没有汗腺，即使再热也不会出汗。
不过，它们会伸出舌头散热。

公狗在经过电线杆或大树的时候会抬起一条腿撒尿，这是为了留下记号，向别的狗宣示自己的领地。

狗看见主人就会把前腿抬起来，尾巴一摇一摆的。

心情好的时候还会打滚儿。

害怕的时候，会把尾巴夹起来。

看见陌生人会竖起尾巴吠叫。

23

宠物狗的种类非常多。
既有体重不到 1 千克的小型犬，也有体重超过 120 千克的大型犬。

吉娃娃
原产自墨西哥。
由于体形小，被广泛当作宠
物豢养在家中。
有的吉娃娃体重不到 500 克。

狮子狗
全身长着长毛。
很早以前就有人饲养这种狗。

马尔济斯犬
原产自马耳他岛，因此又叫马耳他犬。
脾气很好，喜欢和人亲近。

斗牛犬
又称牛头犬。
原产自英国。
长得凶巴巴的，却非常勇敢、听话。

西伯利亚雪橇犬
产自西伯利亚，叫的时候声音嘶哑，也叫哈士奇。

导盲犬
在街上遇见导盲犬，只用眼睛看就可以了，
千万不要摸它或是给它吃的。
导盲犬对主人十分忠诚。

狗是伶俐的动物。
从小开始训练的话，它们就能听懂
人的指令。
狗会打猎、识别毒品，也能带迷路
的人回家或是帮忙把掉进水里的人
救上来。

缉毒犬
缉毒犬可以在机场内工作。
只要闻闻乘客的旅行箱，它就知
道里面有没有毒品。

猫

Cat

分类：哺乳纲食肉目猫科
身长：30～60厘米
体重：2～6千克
食物：老鼠、鱼、鸟蛋等
繁衍：一年2次，一次产2～8只

　　猫擅长抓老鼠，因此，很早以前人类就在家饲养猫来抓老鼠。如今，觉得猫可爱而把它们当作宠物饲养的人也多了起来。大都市里还有许多流浪猫，而田野或山里生活着许多野猫。

　　猫是独居动物，动作轻盈敏捷，听觉和嗅觉也很灵敏，视力比人类敏锐得多。在交配的季节，猫会用又高又尖的嗓门大声号叫，晚上则发出"喵呜喵呜"的叫声，听起来很像小孩子的哭声。

猫一有空就用粗糙的舌头理全身的毛，所以猫的毛是油光锃亮的。
猫长长的胡须起着触觉受的作用。

有时猫就算抓住了老鼠，也不会马上
吃掉。
它们会长时间地玩来玩去，直到老鼠变
得奄奄一息。

大都市里有许多流浪猫，
它们在垃圾桶里翻找食物残渣，
在没有人的废旧仓库或空屋里产崽。

母猫如果发现有危险，就会叼着小猫的
后颈搬家。

猫的动作轻快敏捷，
能一下子跳上高处。
它们用尾巴掌握身体的平衡。
猫的脚掌上有厚厚的肉垫，走路或跳跃的时候声音
非常轻。

猫擅长爬树，
有时会挂在树枝上打秋千，有时会跳上窄窄的墙顶走猫步。

夜晚

在夜晚，猫的瞳孔会变圆。
猫的眼睛能在漆黑的环境里接收光线，
也会因反射光线而发亮。

白天

白天，猫的瞳孔会变得细长。

猫爪上的指甲可以随意伸缩。
一般情况下，它们会将锋利的指甲藏起来，只有
在抓捕猎物或发起攻击的时候才伸出来。

从高处坠落时，猫能够迅速调整姿势，
以四肢着地。

猪

Pig

分类：哺乳纲偶蹄目猪科
身长：1.4～2米
体重：200～250千克
食物：蔬菜、水果、谷物等
繁衍：一年2～3次，一次产6～12只

猪的祖先是生活在山里的野猪。人们为了经常吃到猪肉，从很早以前就开始饲养猪了。体形肥胖的猪看起来虽然有些迟钝，却是非常伶俐的动物。它会在远离猪窝的固定处排泄，使猪窝保持清洁。

猪不挑食，除了睡觉，一天到晚都在进食。以前人们都拿剩饭剩菜来喂猪。猪吃得多，长得快，产崽也多，据说一只母猪一年能产15头左右。

黑猪
浑身的毛都是黑色的，皮也是黑色的。

猪喜欢在泥坑里打滚儿。

又秃又扁的猪鼻子既擅长闻气
味，也擅长拱土。

分成两瓣的猪蹄。

猪的尾巴可以卷起来。

母猪一年产崽 1 ~ 2 次。
母猪一般有 12 个乳头，所以每个幼崽都有
自己的"专用奶嘴"。

野猪头大身子小。

家猪的头一般比野猪小，
身子却大得多。

黄牛

Cattle

分类：哺乳纲偶蹄目牛科
身长：2 米左右
体重：240 ～ 380 千克
食物：草、谷物等
繁衍：一年产一头

黄牛虽力气大，但性子温顺，很容易被驯服，因此以前繁重的农活都让黄牛来干。随着季节的变化，它们可以耕田或运货。直到现在，有些村庄的长辈们还把黄牛当成家庭成员，会仔细地照料它们。

黄牛吃东西时总是细嚼慢咽。它会反刍，吃草时先简单咀嚼一下便咽下去，过一会儿再吐出来重新咀嚼。刚出生的小牛浑身湿漉漉的，母牛会用舌头用心地舔舐。

母牛
公牛、母牛都有角。
母牛很温顺，而公牛的性格很暴躁。
公牛也被叫作牤牛。

蜣螂（屎壳郎）会把牛粪滚成丸子一样的
圆球，然后在里面产卵。
蜣螂的幼虫孵化后靠吃牛粪长大。

黄牛翘着尾巴排泄粪便。
牛粪有很多用途。
直到现在，印度、尼泊尔和非洲等地的
人们还会收集牛粪当燃料，或是将牛粪
和黄土和在一起砌墙盖房子。

黄牛的脾气很倔，
一旦打起架来，不分出胜负绝不停下来。

在寒冷的冬天，牛大多待在牛
圈里。

为了让牛保暖，人们还会给牛
围上草苫子。

人们把豆秸、玉米秸、番薯藤、
稻草等切好，当成饲料喂牛。

直到现在人们还会给牛套上犁，让它们在田地或山谷里的梯田上耕作。
农民只要"吁吁"地喊两声，牛就会停下；再"驾驾"地喊两声，牛又会重
新向前走。

用牛拉的车叫作牛车。
牛车上可以放重物，让牛拉着走。

奶牛

Dairy Cattle

别名：乳牛、黑白花奶牛
分类：哺乳纲偶蹄目牛科
身长：2 ~ 2.5 米
体重：600 ~ 1000 千克
食物：草、蔬菜等
繁衍：一年产一头

人们为了获得牛奶而饲养奶牛。奶牛周身长着黑白相间的花纹，因此也叫作黑白花奶牛。奶牛体形大却很温顺，产奶量多。

照顾奶牛是件非常费力的事情，奶农每天都要把挤奶桶擦干净，有时还需要给奶牛打磨蹄子。奶牛生下小牛以后就开始产奶，即使喂养小牛，也还是会剩下许多奶。我们喝的牛奶就是从奶牛身上获得的，而奶酪、黄油、酸奶等产品也是以牛奶为原料制成的。

比黄牛要大得多，
有些奶牛的体重甚至可超过 1 吨
奶牛的乳房非常大，通常有 4
乳头。

奶农正在挤牛奶。
奶农也会使用一种叫"挤奶机"的
工具挤奶。

黄油是将牛奶里的脂肪提取
出来凝固后制成的，
可以涂在面包上食用。

奶酪是将牛奶里的蛋白质提炼
出来凝固后制成的。

乳酸菌饮品是以奶或
奶制品为原料，经乳
酸菌发酵制成的。

牛奶是从奶牛身上挤出的奶，
杀菌后就可以饮用了。

山羊

Goat

分类：哺乳纲偶蹄目牛科
身长：60～110厘米
体重：45～90千克
食物：草、树叶等
繁衍：一年1～2次，一次产2～3只

山羊的好奇心很强，和陌生人对视也不会逃跑，反而会盯着人看，有时候还会走到跟前试着触碰对方。人们常在山脚下放养山羊，它们能自如地攀爬险山陡壁，也擅长上树。

山羊的胃口很好，不论草还是树叶都吃得很香。它们格外喜欢葛藤，也会吃纸。放养山羊的地方，连一棵草也不会剩下。母山羊怀孕5个月左右就会生下小山羊，一般一次生2～3只。

浑身都是黑色的叫黑山羊。
也有白色的山羊。
公山羊和母山羊都有角和胡须，
眼睛细长。

山羊的脾气很倔。
如果不想去某个地方，不管怎么拉它，
它都不走。

出生 20 天左右，小山羊的
角就长出来了。

3 个月左右长出长长的胡须。

山羊的粪便像黑色的豆子。

绵羊

Sheep

分类：哺乳纲偶蹄目牛科
身长：1～1.2米
体重：70～110千克
食物：草、谷物等
繁衍：一年1～2次，一次产1～2只

人们常将绵羊放养在广阔的草原上，它们光吃草就能长得很好。绵羊性子温顺，容易被驯服，蒙古或中东地区的游牧民族都以羊奶和羊肉为食。羊毛可以用来做衣服或地毯，羊皮可以铺在屋顶上。土耳其或马来西亚等信奉伊斯兰教的国家也大多以羊肉为食。

用羊毛制成的衣料叫作羊毛织品，羊毛织品做成的衣服很暖和。过去人们还会用羊皮制作羊皮纸。

绵羊浑身长着又细又卷的绒毛。
绵羊不长胡子，母羊没有角。

羊毛毛线非常保暖，可以用来
织手套、围巾或毛衣。

WOOLMARK

"wool"是羊毛的意思，也指羊毛
料或羊毛织物。
这个标志是指该产品是用100%的
羊毛制成的。

春天可以剪下许多羊毛。
一只绵羊一年大约可以产4～7千克
羊毛。

绵羊性格温顺，很胆小，
总是成群结队地活动，乖乖地跟在首领身后。
一只牧羊犬可以照看几百只绵羊。
许多地方都有绵羊牧场。

马

Horse

分类：哺乳纲奇蹄目马科
身长：2米左右
体重：350 ~ 700 千克
食物：草、谷物等
繁衍：一年产一匹
寿命：20 ~ 35 年

马跑得很快，过去人们为了能够迅速到达遥远的目的地而饲养马。在古代，人们把骑马出行时供马休息的地方叫作"驿"。韩国直到现在还保留着类似"马粥街"这样的地名，意思就是给远道而来的马供应食物的地方。

高句丽的壁画上常出现人们骑马打猎的场面，人们把擅长骑马的高句丽人叫作"骑马的民族"。如今，人们通常只在参加赛马比赛的时候才会骑马。奥林匹克运动会上也有赛马的项目。

马有四条擅长跑步的又细又结实的腿，脖子也很长。
马的后颈长着一排毛发，叫作"鬃"。

最快的马跑完 1 千米只需要 53 秒左右。

马的蹄子不分瓣，而牛或猪的蹄子是分成两瓣的。

马掌

钉在马蹄上的金属片，也叫作马蹄铁，起着保护马蹄的作用。

骑在马上战斗的兵士叫作骑兵。马是旧时战场上必不可少的坐骑。

马牌

朝鲜王朝时期的官宦在出差期间使用的身份证。根据马牌上雕刻的马的数量，可以在衙门领到相应数量的马。

马也像牛一样会拉车。现在在游乐场之类的地方仍然可以乘坐马车。

矮种马

Pony

分类：哺乳纲奇蹄目马科
肩高：110 ~ 120 厘米
体重：200 ~ 250 千克
食物：草、树叶、谷物、水果等
繁衍：一年产一匹

很早以前就有人饲养矮种马了，它们的身高通常不超过120厘米，骑在上面可以从果树下经过，因此它们也被叫作"果下马"。矮种马很结实，不容易生病，繁殖能力强。在一些地方，人们在小米地里播种后会把矮种马放在地里让它们去踩，这样刚种下的种子就不易被大风刮走。

矮种马的马鬃可以用来制作笠帽。据说原来朝鲜王朝的书生头上戴的笠帽大都是用马鬃做的。

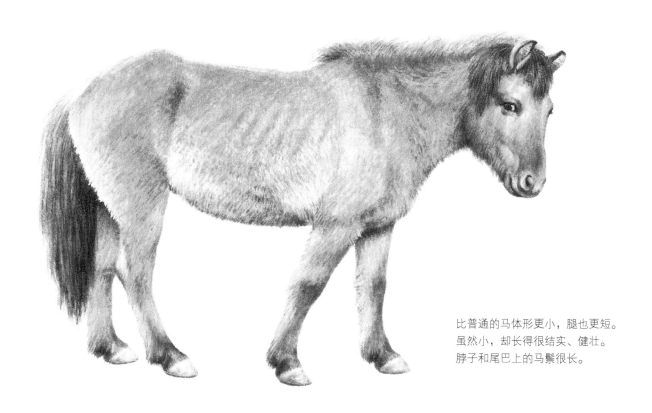

比普通的马体形更小，腿也更短。虽然小，却长得很结实、健壮。脖子和尾巴上的马鬃很长。

韩国有这样一句俗语："把人送到首尔，把马送到济州岛。"
这说明济州岛从很久以前就有牧马场了，那里直到现在仍大量饲养矮种马。

驴长得很可爱，比马小，行动也比马缓慢，但可以驮着沉重的行李走很远，不用喝太多的水也能坚持很久，而且不挑食。

人们从几千年前就开始饲养驴了，现在仍有不少地区的人们把驴视为干活儿的好帮手，因为它们既能驮物、载人、拉车，也能帮忙耕地、舂米、打水。《三国遗事》里记载了"皇上长着驴耳朵"的故事，这说明那时人们已经开始饲养驴了。现在有的动物园或农场里偶尔也能看见驴。

驴

Donkey

分类：哺乳纲奇蹄目马科
肩高：90 ~ 150 厘米
体重：200 ~ 300 千克
食物：草、蔬菜等
繁衍：一年产一头

驴的耳朵很长，脖子上有鬃。
它性子温顺，非常有耐性。

100 年前，人们常骑着驴出行。

在都市里生活
的狗与猫

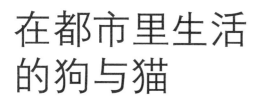

　　都市里的人们养着许多可爱的宠物，像猫、狗这样
的动物成了人类的朋友，被人们叫作"宠物伴侣"。

　　此外，都市里还有许多走丢了或是被抛弃的动
物。流浪动物们穿梭于大大小小的街道，寻找食物，
也繁衍后代。

宠物医院

疫苗接种　　　像对待家人一样对待您的宠物

家畜最初也是
野生动物

　　家畜的祖先都是野生动物。最早作为家畜被饲养的野生动物是狼。狼是狗的祖先。伊拉克北部的帕勒嘎乌拉（Palegawra）洞穴里发现了可追溯到公元前12000年的狗骨，这说明人类从旧石器时代就开始饲养狗了。

　　人类开始耕种以后，便开始饲养像猪或牛这样体形稍大的家畜。人类在驯化家畜的同时，家畜的性子变得更温顺了，外形也发生了变化。

此图为高句丽古墓壁画中打猎的场面。
人们骑着马，正用弓箭瞄准一只像老虎的野兽，
狗跟在一旁。

绿头鸭
翅膀较大，会飞。

此图为 6000 ~ 8000 年前阿尔及利亚洞穴里的壁画，为我们展现了古代人放养牛的场面。

家鸭
翅膀变小，体形变大，不太会飞。

家畜直到现在仍保留着野生动物的习性，比如狗会像狼一样抬起一条腿小便；山羊擅长攀爬陡峭的山崖；家兔也像它的祖先穴兔一样擅长打洞；鸡在被狗追的时候会飞到屋顶上去；母牛在小牛出生以后会把脐带和胎盘吃得干干净净，防止天敌闻到血腥味而伤害它的幼崽。

▶▶▶

狼
嘴尖，尾巴长，以肉为食。

狗
嘴没有狼的那么尖，尾巴卷起，不挑食。

▶▶▶

野猪
头大，獠牙长，性子凶猛。

家猪
头小，身子胖。
獠牙变得很小，基本看不见了。
性子变得温顺。

从家畜身上获得的东西

现在家畜干的活儿大大减少了，因为像耕田这类农活儿都可用机械操作，人们想出远门的时候也会选择坐汽车而不是马车。

但是，人们饲养家畜的数量却比以前大大增加了。这是为什么呢？因为人们吃肉吃得更多了，鸡蛋和牛奶也变得很常见。全球约有80亿人口，人们食用的肉制品几乎都来自家畜，鸡蛋和牛奶也是一样。家畜的毛还可以做衣料，皮可以用来做鞋子或皮包。

鸭蛋

鸡蛋

鹌鹑蛋

荷包蛋

水煮蛋

牛奶

黄油

奶酪

乳酸菌饮品

猪肉

烧鸡

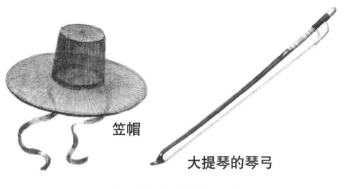

笠帽

大提琴的琴弓

猪鬃做成的牙刷

猪鬃做成的刷子

产自济州岛的马鬃大多用来做笠帽，
马尾可以用来做大提琴等弦乐器的琴弓。

皮包
用家畜的皮制成。

皮鞋

鼓
用牛皮或马皮制成。

钱包

皮带

羊毛纺的毛线
可以织成暖和的手套、围巾或毛衣。

羽绒服

世界上的家畜

　　盛产水稻的东南亚国家至今仍使用水牛耕作。在寒冷的北极地区，人们饲养驯鹿或西伯利亚雪橇犬。沙漠里的人们饲养骆驼，因为它们在一望无际的沙漠里即使不喝水也能存活很久。

　　在南美洲的秘鲁或玻利维亚的高山上，人们饲养美洲驼；在喜马拉雅山麓，人们饲养牦牛。牦牛可以耕田、运货，牦牛肉和牦牛奶都是非常珍贵的食物。

水牛
是做重体力活儿的好帮手。
既能耕田、舂米，也能驮运货物。

驯鹿
北极的人们以驯鹿肉为食，
乘坐驯鹿拉的雪橇出行。

牦牛

生活在喜马拉雅山麓。

骆驼

即使驮着重重的行李，在一望无际的沙漠里，一天也可以走 35 千米左右的路程。在沙漠生活的人们以骆驼的肉和奶为食，骆驼毛还可以制成衣料。

美洲驼

又叫作骆马。
生活在南美洲的安第斯山脉，用于运送货物。
如果身上驮的货物过重，美洲驼会一动不动地停在原地。

作者简介

作者　**柳贤美**　　　毕业于韩国外国语大学英文系，现为童书作家。代表作有《儿童动物痕迹微型图鉴》《想看看有什么生活在海边》等。

绘者　**金是荣**　　　曾就读于韩国弘益大学，专业为西洋画。高中毕业之前一直在韩国全罗南道的咸平一边务农一边上学。代表作有《稻子长大了》《珍贵的粪便》《亲手制作家具》等。

说明　主要收录了 25 种树木和竹。

目录 ▸ ▸ ▸

刺槐　38　　　　黄杨　40　　　　槭树　42

日本七叶树　44　　　爬山虎　46　　　灯台树　48

野茉莉　49　　　　白蜡树　50

银杏

Ginkgo

别名：公孙树、鸭脚树
花期：4~5 月
种子：9~11 月成熟
栽培区域：街道两旁
高度：可达 40 米
分类：银杏科落叶乔木

银杏最早在地球上生长于两亿五千万年前的恐龙时代，如今，那个时代的其他生物几乎全都灭绝了，但银杏存活到了现在，因此被人们称作"活化石"。

银杏能够活很久，有的树龄可超过 1000 岁。日本广岛被原子弹袭击的时候，那里的其他树木都死了，只有银杏顽强地存活了下来。在尾气严重的车道边，银杏能很好地生长，也不容易生虫，因此被广泛地种植于街道两旁。

银杏

软软的"果皮"（外种皮）里面有白色且坚硬的壳（中种皮），打开硬壳后的成熟种仁炒熟后可食用（但有小毒，一次不可多吃）。

9 月 13 日，韩国忠清北道　清州

雄球花

雄树上开的花，早春时节和叶子一起长出来，花朵方向朝下。

4 月 19 日，韩国忠清北道　清州

雌球花

雌树上开的花，小小的一簇。几个豆绿色的花苞悄悄地从叶子中间长出来。

4 月 23 日，韩国忠清北道　清州

银杏的"果皮"易烂，味道非常难闻。

银杏的叶子很滑，遇上下雨天就更滑了。

秋天，银杏金黄，就像灯火一样明亮。
10 月 21 日，韩国江原道　原州

紫杉

Japanese Yew

别名： 赤柏松、东北红豆杉
花期： 4月
球果： 8～10月成熟
生长区域： 高山山顶、栽培于公园
高度： 可达10～20米
分类： 红豆杉科常绿针叶乔木

紫杉，意为紫红色的树，其树干、树皮和树心都是紫红色的，多长于高山山顶。现在高大建筑或公寓门前的花坛也会种这种植物。

紫杉能够活很久，有的树龄甚至超过1400岁。紫杉作为木材也很耐用。百济时期的武宁王陵的紫杉枕在1500年后出土时仍然完好无损，因此，民间有"紫杉活千年，死后再千年"的说法。

水嫩的红色球果压弯了树枝，里面有一颗黑色的种子。
10月29日，韩国忠清北道清州

韩国太白山山顶的百年紫杉。

紫杉生长缓慢，一年大约只长10厘米。

圆柏因散发着香气，又被称为"香木"。圆柏整棵树都散发着香气，用手捏碎叶子后，满手都是圆柏的香味。点燃用圆柏做成的香火，若隐若现的香气会传得很远。很早以前，人们就认为圆柏可以将天和人连接在一起，因为圆柏的香气可以一直传到天上去。所以宗庙、神农坛、祠堂等举行祭典的地方大多会种上圆柏，墓地周围也有许多圆柏。

圆柏

Chinese Juniper

别名：桧柏、桧
花期：4 月
球果：11 月成熟
生长区域：分布甚广，常种植于公园或高大建筑旁
高度：可达 20 米
分类：柏科常绿针叶乔木

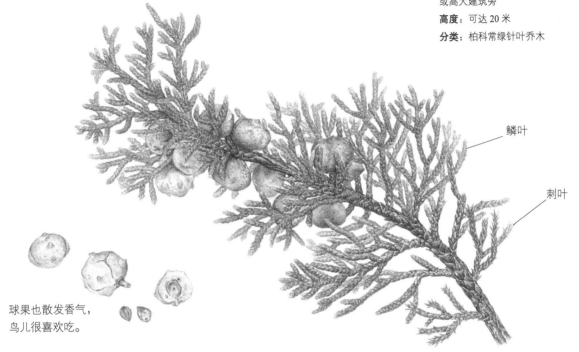

鳞叶

刺叶

球果也散发香气，鸟儿很喜欢吃。

壮树上柔软的鳞叶和硬硬的刺叶一起长出来。大约 10 年后，大量的鳞叶将长满老树的枝头。

4 月 15 日，韩国忠清北道　清州

为了让圆柏看起来有福相，人们常常把圆柏修剪成椭圆形。

进入韩国的寺院，常能闻见圆柏的阵阵芳香。

13

赤松

Korean Red Pine

别名：辽东赤松、白头松
花期：4 月
球果：9～10 月成熟
生长区域：山地和平原上，常种植于公园
高度：可达 30～35 米
分类：松科常绿针叶乔木

深山中生长的赤松又细又高，但是从石头缝或干旱的土地中长出的赤松枝干却是弯曲的。以前人们建造瓦房时大多会用到赤松。直到现在，一些寺庙或者宫殿等文物古迹在修复的时候也会使用赤松，被火烧毁的崇礼门就是用赤松建造的。

韩国有这样一句话："大韩民族是在赤松下出生、赤松旁生长、死后葬在赤松做的棺材里的民族。"这说明赤松和大韩民族有着密切的关系。

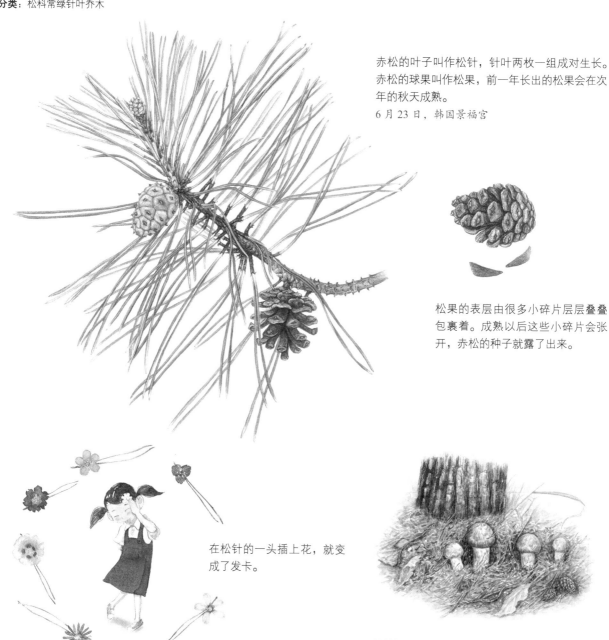

赤松的叶子叫作松针，针叶两枚一组成对生长。赤松的球果叫作松果，前一年长出的松果会在次年的秋天成熟。

6 月 23 日，韩国景福宫

松果的表层由很多小碎片层层**叠叠**包裹着。成熟以后这些小碎片会张开，赤松的种子就露了出来。

在松针的一头插上花，就变成了发卡。

松蘑长在松树下，因此也散发着松树的香味。

这棵赤松长得枝繁叶茂。

6 月 23 日，韩国景福宫

水杉

Dawn Redwood

别名：水梻
花期：4~5 月
球果：10~11 月成熟
栽培区域：公园、公寓前、路旁
高度：可达 50 米
分类：柏科落叶乔木

水杉向上层层伸展，可以长得非常高。树形像一顶尖帽，很是漂亮，常种植于公寓前。在污染严重的空气和泥土中，水杉也能生长得很好。

水杉最早被认为是化石，因为人们以为水杉是灭绝了的仅以化石形式存在的植物。直到 1941 年，中国学者发现了活着的水杉，自此全世界开始大量种植这种植物。

水杉的叶子像羽毛一样柔软。
6 月 20 日，韩国忠清北道清州

球果长得像小松果。
种子外形像大麦，随意地长在果实里。

到了秋天，羽毛一样的金黄色叶子从树枝上落下，随风飘扬。

虽然水杉属于针叶植物，但叶子很柔软。

韩国全罗南道的潭阳有一条水杉路，这里的水杉
已经生长了 40 多年，却只有 20 米高。

垂柳

Weeping Willow

别名：水柳、柳树
花期：3～4月
果实：4～5月成熟
生长区域：喜欢生长在水边
高度：可达 15～20 米
分类：杨柳科落叶乔木

垂柳的枝干仿佛要垂到地面，像丝条一样细，所以叫作"垂柳"。

在温暖的春天，垂柳的柳絮会像雪一样飞扬，但那不是花粉，而是柳树的种子。和花粉不一样的是，柳絮不会使人过敏。带有苦味的柳树叶子和枝干中含有可用来制作阿司匹林的成分。

柳树在春天开豆绿色的花。花穗的形状长得很像狗尾巴。
5 月 1 日，韩国忠清北道　清州

做柳哨

双手紧握柳枝并朝相反方向扭动，将枝的芯和皮分离。

把芯去掉。

把枝的一端压扁。

保留内皮，外皮去掉 1 厘米左右，做成吹嘴。

吹柳哨时会发出"噗噗"的像放屁一样的声音，调节柳哨的粗细和长度，声音就会发生变化。

垂柳多见于水边，枝干犹如散开的秀发低垂下来。
垂柳伸展开来的须根有过滤、净化水质的作用。
6 月 23 日，韩国景福宫

白桦

White Birch

别名：桦木、桦皮树
花期：4~5 月
果实：9~10 月成熟
生长区域：常种植于公园，在北方自然生长
高度：可达 27 米
分类：桦木科落叶乔木

白桦的树皮燃烧起来时会吱吱作响，这是因为其树皮中有很多油脂，因此可以燃烧很久。据说以前在北方，人们会用白桦树的树皮点火，代替煤油灯。

单看白色的树皮，就能够辨认出白桦树。公园里面也种植了许多白桦。白桦树皮可以像纸一样薄薄地剥落。传说在雪白的白桦树皮上写信寄给爱人，爱情就会圆满。韩国庆州天马冢出土的绘有天马的画就是在白桦树皮上绘制的。

叶子像纸一样薄，微风轻轻一吹便会随风飘动。
6 月 20 日，韩国忠清北道　清州

白桦树的果穗会一直悬挂到次年的春天。小小的果实像有翅膀一样，随风飞扬，煞是好看。
3 月 29 日，韩国忠清北道　清州

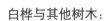

白桦与其他树木：

硕桦
又叫作"风桦"，树皮可以像纸一样薄薄脱下一层。

青檀
树皮裂成一条一条的。

黑桦
树皮一片片脱落。

白桦枝干上的花纹像一只只睁开的眼睛。

白桦树多见于朝鲜北部的盖马高原或俄罗斯西伯利亚平原等寒冷的区域。

栎属

Oak

别名：橡树、栎树或柞树
花期：3~4 月
果实：9~10 月成熟
生长区域：山中
高度：可达 40 米
分类：壳斗科落叶乔木

　　栎属不是一种树的名字，只要是结橡果的树都是栎属植物。栎属植物多生长在山里，它们用途很多，是十分实用的树种。

　　栎属植物的木材坚硬结实，以前常用来建造房屋。以前遇到荒年，人们就吃橡果度日。遇到旱年时，庄稼虽然长得不好，但橡果却结得更多，因为橡果喜光和热。

蒙古栎
叶子宽大，边缘参差不齐。
以前用来铺在草鞋鞋底。
7 月 30 日，韩国忠清北道
清州

在叶子大量长出之前开花，
可能是怕叶子妨碍了花粉的传播吧。
5 月 2 日，韩国忠清北道　清州

麻栎到了秋天也会挂着干叶子。
春天新叶子长出来时，那些干叶子就会
全部脱落。
在一些村子周边可以见到它。
3 月 2 日，韩国忠清北道　清州

9 月 17 日

10 月 18 日

10 月 18 日

麻栎

麻栎的果实很大，在韩国古代曾用来制作皇上御膳桌上的凉粉。

叶子呈长条形，边缘有刺芒状锯齿。

栓皮栎

树皮上有很多小孔。

叶子背面呈白色。

叶柄跟麻栎叶的不同，非常短。

9 月 24 日

8 月 29 日

10 月 18 日

枹栎

枹栎的果实是栎属植物中最小的。

槲栎

槲栎的果实呈圆形，叶子边缘呈波浪形。

常种植于寺庙。

8 月 29 日

10 月 18 日

槲树

栎属植物中叶子最大的种类。叶子背面有密实的茸毛。以前人们会用槲树叶子包年糕，以防变质。

栎属植物上的各种虫瘿

虫子在树干或叶子上产卵，幼虫在虫瘿里面长大。

像毛球一样鼓起的虫瘿。幼虫正在里面生长。　　像球一样的虫瘿。昆虫会在上面打一个孔，方便出入。

槲寄生

槲寄生多寄生在栎属植物上。
就算在冬天叶子也是绿色的，非常醒目。
样子看起来像喜鹊窝。
果实是黄色或橙色的，鸟儿很爱吃。

长得像果实一样的虫瘿。　　长得像花一样的虫瘿。

剪枝栎实象

会用嘴在橡果上钻眼儿，把卵产在橡果里面，然后剪断产卵果枝。
幼虫可以吃着橡果长大。

栎长颈象

在叶子上产卵并将叶子卷起，使其落下。

榉树

Zelkova

别名：光叶榉
花期：4 月
果实：9~11 月结扁圆形的果实
生长区域：山里，常种植于公园
高度：可达 30 米
分类：榆科硬叶阔叶乔木

榉树常见于年代久远的村口，长得非常雄伟美丽，能活超过 1000 年。现在一些公园、学校等地也种有许多榉树。

榉树的木材非常结实，木纹也很漂亮，以前常被用来建造寺院的柱子和木棺。

榉树的叶子很长，叶端尖细。秋天会变成美丽的红叶。
10 月 29 日，韩国忠清北道　清州

长了虫瘿的叶子。

变黄的叶子。

人们会在老榉树下举行祭祀活动。
这种守护村子的老树叫作"堂山树"。

榉树多种在村口。
跟别的树比起来，榉树树干粗且坚实，枝叶多向外伸展，树荫浓密。
9月1日，韩国忠清北道　清州

白玉兰

Mulan Magnolia

别名： 木兰、玉兰
花期： 2~3 月和 7~9 月
果实： 8~9 月成熟
栽培区域： 公园、学校
高度： 可达 15 米
分类： 木兰科落叶乔木

白玉兰的花像莲花，因此也叫作"木莲"。它的花朵很大，有香气。玉兰的冬芽也很大，大拇指大小的花蕾有毛茸茸的芽鳞片包裹。来年春天，花蕾的外衣打开时，花就开了。这时仔细观察，会发现花蕾上也有柔软的茸毛，像是专为倒春寒准备的。

开深紫色花的二乔玉兰、在山里生长的望春玉兰、长着大叶子的日本玉兰都是玉兰大家族的成员。

春天，白玉兰花比叶子先长出来，隐约散发着香气。
4 月 8 日，韩国忠清北道　清州

二乔玉兰
是白玉兰和紫玉兰的杂交种，花瓣呈紫色，比白玉兰的花期稍晚一些。
5 月 2 日，韩国忠清北道　清州

白玉兰的果实
硬邦邦的果实里面有红色的种子。
剥掉红色外皮，会看见里面黑色的内种皮。
10 月 19 日，韩国忠清北道　清州

玉兰的花瓣上很容易留下印子，可以用手指在上面画画或写字。

白玉兰开花了，叶子大约会在花谢的时候长出来。
山茱萸在此时开出了黄色的花。
4 月 8 日，韩国忠清北道　清州

二球悬铃木

London Planetree

别名: 英国梧桐
花期: 4~5 月
果实: 9~10 月成熟
栽培区域: 街边、学校内
分类: 悬铃木科落叶乔木

二球悬铃木的树皮会一片片脱落,留下一块块白斑。它的果实很像小水珠。

二球悬铃木能够很好地对抗煤烟和尾气带来的污染。它大片的树叶不仅能形成凉爽的树荫,还可以减弱汽车的噪声。像伦敦、巴黎和纽约这样的大都市里都种有很多这样的树。榆树、紫椴、七叶树和二球悬铃木等植物在世界各地被广泛地种植在路边。

叶子很大。
果序上的果实长得密密麻麻。
5 月 8 日,韩国全罗北道 全州

成熟后,小小的果实会一颗颗落下。

二球悬铃木上常有舞毒蛾的幼虫。

可以用宽大的叶子玩游戏。

树干太高大,会触到电线杆,需要修剪。

秋天，叶子变黄后会接二连三地落下，
树皮脱落后会留下一块块白斑。
10 月 19 日，韩国忠清北道　清州

樱花

Flowering Cherry

别名： 樱

花期： 2~5 月

果实： 5~7 月成熟

生长区域： 山里，常种植于路边

高度： 可达 15 米

分类： 蔷薇科落叶乔木

樱花在春天开花，从长出花蕾到盛开，只需要一周的时间。花落的时候，指甲盖大小的花瓣会一片片落下，就像飘雪一样。樱花非常美丽，因此作为行道树被广泛种植于各类街道。路边大多种植的是东京樱花，山里的樱花是山樱花。高丽时代"八万大藏经"的经板大多用山樱木雕刻。

东京樱花

东京樱花的故乡在日本，也是日本的代表性花卉。

4 月 11 日，韩国江原道　襄阳　上坪小学　县西分教场

东京樱花

东京樱花的花瓣很薄。

4月19日，韩国忠清北道 清州

樱花的果实。

6月14日，韩国江原道 春川

黄里透红的落叶。

鸟儿很喜欢吃樱花的果实。鸟儿吃完果实会排泄粪便，在这种天然肥料的滋润下，樱花能够自然成长。

合欢

Silk Tree

别名：绒花树、马缨花
花期：6~7月
果实：8~10月成熟
栽培区域：公园
高度：可达16米
分类：豆科落叶乔木

合欢的花像化妆用的刷子一样散开。到了冬天，有无数个像豆荚一样的长形果实挂在树上，风一吹就发出声响。

合欢的叶子会睡觉，白天叶子平平地张开，到了晚上就会重叠在一起。在不进行光合作用的晚上，叶子重叠在一起是为了防止水分流失。

白天　　晚上
合欢的叶子会睡觉。

粉红色的花聚成一团开在枝头，气味香甜。
叶子像绸缎一样柔软，英文名直译就是"丝绸树"。
6月24日，韩国忠清北道　清州

用合欢的花玩化妆游戏，柔软又清香。

果实长得像豆荚一样。干枯的果实冬天也挂在树上。
11月21日，韩国忠清北道　清州

6月29日，韩国忠清北道　清州

胡枝子纤细的枝干十分柔韧，因此用途非常多，可用来制作扫帚、箩筐、门扇等。就连旧时书堂里的教鞭也是用胡枝子做的，不但结实，还很有韧性。胡枝子很容易点燃，把活树枝折断就可以拿来做火炬，也可以用来引火。

胡枝子在韩国分布广泛，因此很多村庄的名字中都带有"胡枝"两个字。

胡枝子

Bush Clover

别名：荆条、胡枝条
花期：7~9 月
果实：9~10 月成熟
生长区域：山坡、林缘
高度：可达 3 米
分类：豆科落叶灌木

只有孩子大拇指大小的叶子每 3 片聚在一起生长，中间的叶子最大。
9 月 8 日，韩国国立树木园

胡枝子既坚硬又有韧性，可以用来做扫帚，也可以用来编篮子。

胡枝子的树干颤颤巍巍、弯弯曲曲的。
4 月 5 日，韩国忠清北道　清州

紫藤

Chinese Wisteria

别名：朱藤、招藤、招豆藤、藤萝
花期：4~5月
果实：5~8月成熟
栽培区域：公园、学校
分类：豆科落叶藤木

紫藤不能独立生长，需要依靠支架向上缠绕生长，枝干长到一定程度后就会向四面伸展开来。学校或公园里的长椅旁常种有许多紫藤，到了夏天，会形成一片树荫。

紫藤在晚春时候开花，长长的紫色的花序一串串垂下，每团花簇上都开满了小小的花。花谢后，树上会结满长豆荚形的果实。到了秋天，果实砰的一声裂开，里面硕大的种子便会跳出来。

5到6月时清香的紫花开了，
从藤条的末端垂下来，花期长达20天。
5月2日，韩国忠清北道　清州

紫藤花耳环

花开了。
5 月 2 日

花谢了，长出小小的豆荚形的果实。
5 月 24 日

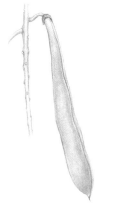

豆荚越长越大。
6 月 26 月

豆荚变得坚实饱满。外层的茸毛像天鹅绒一样柔软。
10 月 19 日

种子像成人的大拇指一样大，果实的空壳常在树上挂一整个冬天。
2 月 6 日

种植紫藤后，我们既可以享受树荫，也可以赏玩赏心悦目的紫藤花和果实。

刺槐

Black Locust

别名：洋槐
花期：4~6月
果实：8~9月成熟
生长区域：山脚
高度：可达25米
分类：豆科落叶乔木

刺槐的花香很好闻，白色刺槐花的香气可以传得很远，甚至渗进路上的汽车里。蜜蜂非常喜欢刺槐花，因为刺槐花里的蜜很多。鲜嫩的刺槐花咬起来咔嚓作响，有甜味，满嘴都是清香。不过，刺槐的树枝上长满了锋利的刺，一定要当心。

刺槐的故乡在美国。100年前，美国传教士荷马·赫尔伯特为了让光秃秃的山变绿，开始在韩国引进刺槐并大量种植。

5月10日，韩国忠清北道　清州

刺槐树的刺由托叶演变而来，叶柄脱落的地方像个鬼脸。

刺槐的种子呈扁圆形。
9月8日，韩国忠清北道　清州

刺槐蜜很常见，色泽鲜亮，香气怡人。

白色的刺槐花一开，整个村庄都被
香气笼罩。
5月10日，韩国忠清北道　清州

黄杨

Chinese Boxwood

花期：3 月
果实：5～6 月成熟
栽培区域：公园、学校
高度：3～5 米
分类：黄杨科常绿灌木或小乔木

黄杨常被用来制作图章，所以又叫作"图章树"。黄杨的枝干既坚硬又圆润，是制作图章的好材料。旧时用来印书的木制活字和用来表明身份的腰牌大多是用黄杨做成的。由于用途很多，黄杨曾被大量砍伐。因为黄杨的生长速度很慢，100 年间树干直径只能增加 10 厘米左右，所以需要保护。

黄杨多见于学校或公园。草地或花园四周密密麻麻的黄杨看上去很像篱笆。

叶子约小拇指指盖大小，较厚且有光泽。
春天开出浅黄色的花，不太起眼，香味很好闻。
3 月 21 日，韩国忠清北道　清州

果实饱满。
5 月 23 日

成熟的果实分成 3 瓣时，黑色的种子便会跳出来。
7 月 23 日

没有种子的果实空壳像 3 只猫头鹰聚在一起。

用黄杨做成的图章有漂亮的浅黄色光泽。
黄杨长得慢，木质坚硬，是制作图章最合适的材料。

在西方，黄杨被用来制作国际象棋。

公园或学校里常有一些矮小的黄杨树篱，为了美观，会被修剪成圆形。

槭树

Maple

别名： 枫树
花期： 5 月
果实： 9～10 月成熟
生长区域： 山谷，常种植于公园
高度： 可达 10～15 米
分类： 槭树科小乔木

鸡爪槭在秋天的时候最美，整棵树上的叶子都被染成了漂亮的红色。秋天叶子会变黄的元宝槭或一年四季都是红叶的红枫都是槭树的一种。槭树的果实带有翅膀，风一吹便滴溜溜地旋转着飞向远方。据说直升机的螺旋桨就是以槭树果实为灵感发明出来的。

槭树长得慢，但用处很多，网球拍、保龄球的木瓶和棒球棒都可以用槭木制作，据说也很适合用来做体育馆的地板。

鸡爪槭
叶子分成 5～7 瓣，
果实长得像回旋镖一样。
10 月 18 日，韩国忠清北道
清州

鸡爪槭在长出嫩叶的时候开花，火红色的小花向下低垂。
4 月 20 日，韩国忠清北道　清州

10 月 18 日，韩国忠清北道
清州

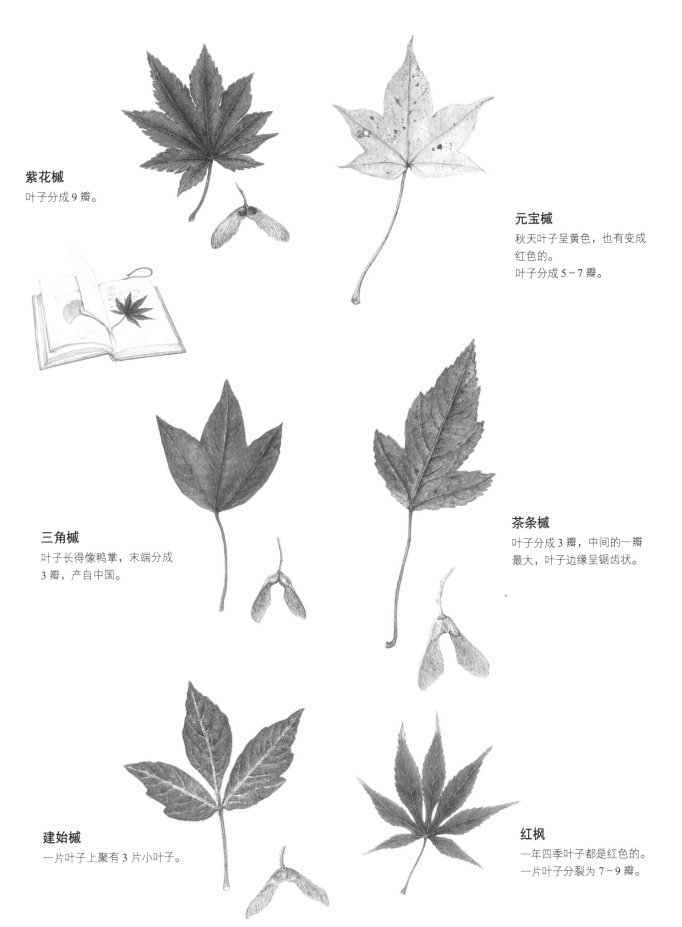

紫花槭

叶子分成 9 瓣。

元宝槭

秋天叶子呈黄色，也有变成
红色的。
叶子分成 5～7 瓣。

三角槭

叶子长得像鸭掌，末端分成
3 瓣，产自中国。

茶条槭

叶子分成 3 瓣，中间的一瓣
最大，叶子边缘呈锯齿状。

建始槭

一片叶子上聚有 3 片小叶子。

红枫

一年四季叶子都是红色的。
一片叶子分裂为 7～9 瓣。

日本七叶树

Japanese Horse Chestnut

花期：5~7 月
果实：9 月成熟
栽培区域：公园
高度：可达 30 米
分类：七叶树科落叶乔木

顾名思义，因每七片叶子聚在一起生长，所以叫作"七叶树"，其叶片看上去就像手掌摊开的模样。它的叶子颜色清新明亮，能抗煤烟污染，因此被广泛种植于路边。

晚春时候，日本七叶树的花慢慢开放，花序呈圆锥形，由许多小小的花聚在一起。奶白色的小花里有很多花蜜，常引来许多蜜蜂。秋天结出的果实有小孩的拳头大小，里面的种子比栗子还要大，但味道非常苦。

花序轴长得笔直，花在花序轴上依次开放。
叶子每 5~7 片聚在一起，悬挂在枝头。
5 月 10 日，韩国忠清北道清州

日本七叶树的果实成熟后会分成 3 瓣，里面有一个粗大的种子，长得很像栗子。西方把这类树叫作"马栗树"。

幼芽长出的时候像一把小小的雨伞。

日本七叶树的叶芽中有树脂渗出，
黏黏的，有时也会粘到树叶上。
4 月 14 日，忠清北道　清州

6 月 20 日，韩国京畿道　高阳　湖水公园

爬山虎

Boston Ivy

别名：土鼓藤、地锦、
花期：5～8 月
果实：9～10 月成熟
生长区域：在墙或树干上攀爬生长
分类：葡萄科多年生落叶木质藤本

爬山虎不论生长在什么地方都能向上攀爬，即使是光滑的墙头也一样，其卷须可像吸盘一样吸附在墙上。它粗大的枝干常被叶片遮蔽，样子看上去像草，但它属于木本植物，寿命长一些的能超过百岁。

爬山虎长起来后煞是好看，秋天的时候叶子会变红，就更好看了。在炎热的夏天它可以遮挡太阳光，让屋里变得非常凉快。在寒冷的冬天，它的叶子会全部掉光，阳光能畅通无阻地照进房间。

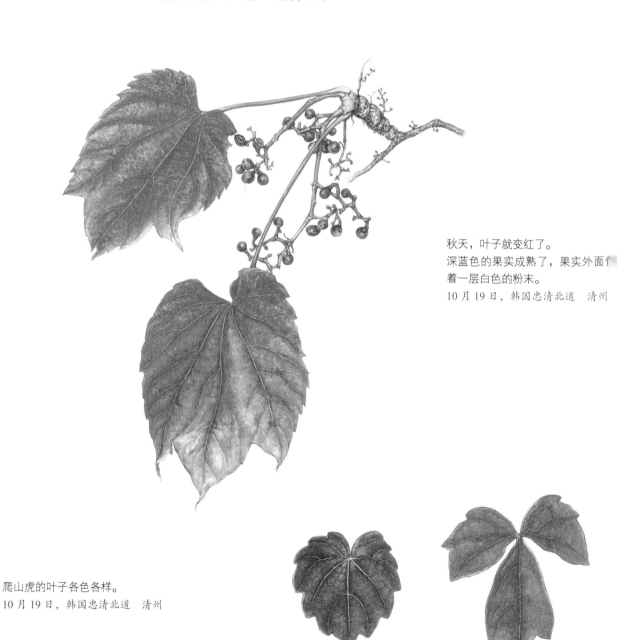

秋天，叶子就变红了。
深蓝色的果实成熟了，果实外面包着一层白色的粉末。
10 月 19 日，韩国忠清北道　清州

爬山虎的叶子各色各样。
10 月 19 日，韩国忠清北道　清州

枝干上的"吸盘"一旦吸在墙上，就会牢牢地附着在上面，看上去像青蛙的脚掌。
10月16日，韩国忠清北道　清州

山葡萄
爬山虎和山葡萄都属于葡萄科，果实和叶子长得很相似。

爬山虎的叶子变红以后，整面墙都变得明亮起来，鸟儿们也会飞来吃爬山虎的果实。
10月19日，韩国忠清北道　清州

灯台树

Lampstand Tree

别名：瑞木、女儿木、六角树
花期：5~6月
果实：7~10月成熟
生长区域：山谷
高度：可达20米
分类：山茱萸科落叶乔木

灯台树的枝叶是一层层生长的。每过一年，其枝叶就会向上长出一层，因此只要看枝叶的层数，就能知道树的年龄。灯台树也被叫作"层层树"或"楼梯树"。

灯台树不管在哪儿都长得很好。树林深处如果有片空地，灯台树常常会首先长出来。灯台树的枝叶会向四面伸展开来，形成树荫，使其他树木无法获得足够的阳光。所以，远远望去，像是只有它独自挺立。

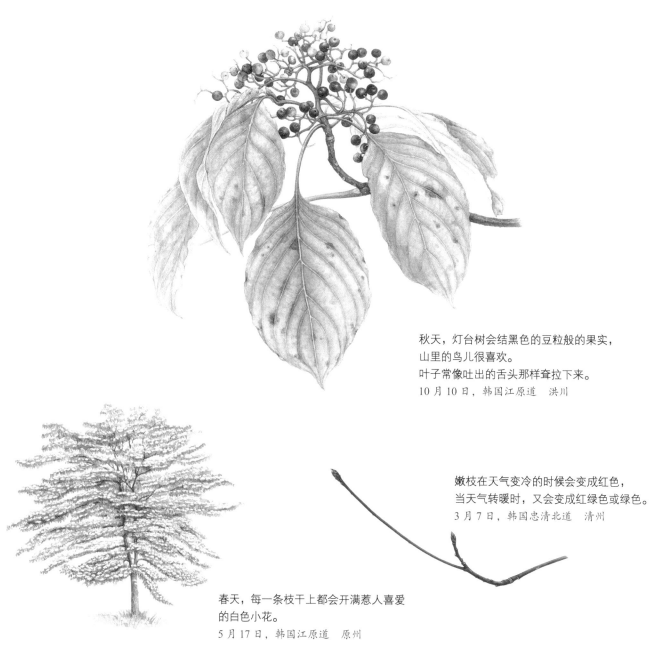

秋天，灯台树会结黑色的豆粒般的果实，山里的鸟儿很喜欢。
叶子常像吐出的舌头那样耷拉下来。
10月10日，韩国江原道　洪川

嫩枝在天气变冷的时候会变成红色，当天气转暖时，又会变成红绿色或绿色。
3月7日，韩国忠清北道　清州

春天，每一条枝干上都会开满惹人喜爱的白色小花。
5月17日，韩国江原道　原州

野茉莉的花没有一朵向着天空，都是垂向地面的。白色的花长得像钟一样，所以野茉莉也被叫作"钟树"。

野茉莉在污染严重的地方也能够很好地生长，能抗酸雨，多种植于公园中。到了秋天，浅栗色的果实就成熟了。据说它的果实可以用来做洗衣服用的肥皂，用果实榨出的油既可以用来点煤油灯，也可以做发油。

野茉莉

Japanese Snowbell

别名：齐墩果
花期：4～7月
果实：9～11月成熟
生长区域：山上，常种植于公园
高度：可达 10 米
分类：安息香科灌木或小乔木

长得像钟一样的花朵向下开放，
香气怡人。
5 月 17 日，韩国忠清北道　清州

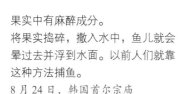

果实中有麻醉成分。
将果实捣碎，撒入水中，鱼儿就会
晕过去并浮到水面。以前人们就靠
这种方法捕鱼。
8 月 24 日，韩国首尔宗庙

虫瘿
野茉莉上寄生的球米草粉角蚜在冬芽上产卵，
虫瘿在春天的时候会像花朵一样绽开。

5 月 24 日，韩国国立树木园

白蜡树

Chinese Ash

别名：梣
花期：4~5月
果实：7~9月成熟
生长区域：山上
高度：可达15米
分类：木樨科大乔木

把白蜡树刚长出的嫩芽的皮剥下来泡在水里，水就会变成蓝色。从前人们眼睛肿起来且布满血丝的时候，就会用这种水洗眼睛。

白蜡树在山谷的任何地方都能长得很好，枝干上有斑白的花纹，很容易辨认。树木结实有韧性，可以用来做斧头的柄或连枷等农具。朝鲜王朝中期设置的逮捕犯人的机构巡捕厅里用的一种叫大棍的刑具据说就是用白蜡木做的。现在，白蜡木也被用来做棒球棒或网球拍等运动器材。

5~7片小叶聚在一起，顶生小叶最
7月8日，韩国忠清北道　清州

果实长满枝头，有翅，可以像螺旋一样飞起来。
10月9日，韩国江原道　洪川

把嫩芽皮放在水里，过10分钟左右，水就会变成浅蓝色。

5月25日，韩国江
原道　洪川　三峰
自然休养林

水蜡树的果实长得很像羊屎，因为颜色是黑色的，所以水蜡树也被叫作"黑果子树"。晚春时候，水蜡树的叶子会全部长出，开出白色的花，花香很浓郁，老远就能闻到。

水蜡树很容易从根部长出新苗，随意地插枝也能成活。水蜡树的叶子很茂盛，是做篱笆的好材料。以前人们会在田间的菜畦上种上水蜡树，告诉别人"这个范围内都是我家的田"，因此水蜡树也被叫作"尺树"。

水蜡树

Border Privet

别名：钝叶水蜡树
花期：5～6月
果实：8～10月成熟
生长区域：山里，常种植于公园、学校
高度：可达3米
分类：木樨科落叶灌木

春天开出小小的白花，香气怡人。
5月31日，韩国忠清北道　清州

秋天结出圆圆的黑色果实。
10月29日 韩国忠清北道　清州

果实黑黑圆圆的，像羊屎一样。

白蜡蚧会在水蜡树上安家，虫害严重的枝干看起来就像白色的烛台。
收集水蜡树上的白蜡蚧可以做蜡烛。
3月28日，韩国忠清北道　清州

水蜡树可以形成树墙，因此路边也会特意种植许多水蜡树。

毛泡桐

Empress Tree

别名：紫花桐
花期：4~5 月
果实：8~9 月成熟
生长区域：山谷、山上，多种植于住宅区
高度：可达 20 米
分类：泡桐科落叶乔木

毛泡桐高度可达 20 米，叶子可长到小雨伞那么大。由于叶子大，它能比别的植物接收更多的阳光，于是就长得更快了，约 10 年左右就可以当木材使用。

泡桐木质轻且湿润，多产又好处理，是做传统家具不可缺少的木材，还能用来做乐器，而且做出的乐器声音非常好听。伽倻琴、玄鹤琴、长鼓、牙筝等韩国传统乐器都是用泡桐的木材做成的。

钟形的紫色花朵会在叶子长出开放，香气浓郁。
5 月 17 日，韩国忠清北道

叶子非常大，
背面长着密密麻麻的茸毛。
6 月 25 日，韩国忠清北道　清州

果实成熟后会裂开，
对着它吹口气，带着翅的种子就会像雪花
一样随风飘扬。
11 月 17 日，韩国忠清北道　清州

泡桐木能防潮，不容易腐烂，可以用来制
作存放衣物或书的箱子。

也有大到能当雨伞的叶子。
叶子的表面很滑，雨滴滴在上面
时会骨碌碌滚下去。

泡桐生长得很快，
10 年左右就可以长成可用来制作衣柜的木材。
5 月 7 日，韩国忠清北道　清州

竹

Bamboo

别名：竹子
花期：6~7 月，数十年开一次
生长区域：湿润的土地上
高度：可达 20 米
分类：禾本科多年生草本植物

竹子的枝干会笔直生长。春天竹笋冒出，一两个月以后就全长出来了。竹子长大之后，枝干会变得更坚硬。它看着像树，却跟树不一样。竹子的枝干没有年轮，里面是空心的。它数十年只开一次花，花谢后便会枯死。

纵切竹子能够将其劈成笔直的竹条，细长的竹条很有韧性，可以制作多种生活用具。

寿竹
枝干又粗又直。随着枝干变得越来越粗，颜色也会从翠绿色变成黄色。
10 月 29 日，韩国庆尚北道　庆州

新长出来的嫩竹叫作竹笋，笋壳可一层层剥落，得到白色的笋肉，煮熟后可以食用。

从侧面切开竹笋，可以看到有很多节，节数跟长大后的竹子的节数一样多。

用竹子做成的东西叫作竹制品。
篮子、凉席、长鼓槌、短箫、筷子
等都可以用竹子制作。

竹水枪

竹子的枝干是中空的，可以做成竹水枪。

三伏天去竹林会感觉很凉爽。

5 月 8 日，韩国全罗北道　全州

箬竹

是竹子的一种，但是又细又矮。

9 月 11 日，韩国国立树木园

和树一起玩耍

树叶可以做成皇冠，枯叶也可以用脚踩着玩，会发出沙沙的声响。

我们还可以用脱落的树枝在地上画画。爬到粗大的树上，吊在上面玩也很有意思，但要注意安全哟！

只要有树，我们就不会无聊。

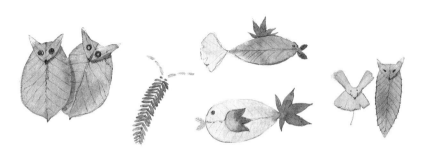

用各色各样的树叶可以做成各色各样的动物。

用树叶做成的皇冠。

刺槐卷发器
睡一晚上起来，头发就会变卷。

捡一根刺槐树枝，把叶子从树枝上拔下，再将树枝对折。

把头发夹在树枝中间。

卷上去。

把树枝的一头插在另一头里。

拉紧，使头发不会松开。

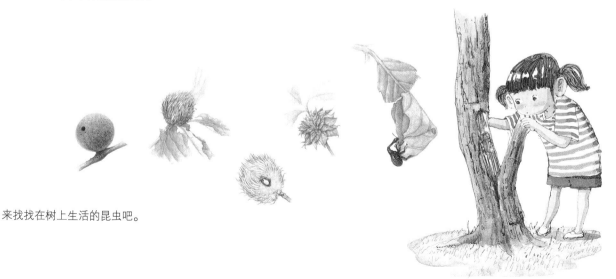

来找找在树上生活的昆虫吧。

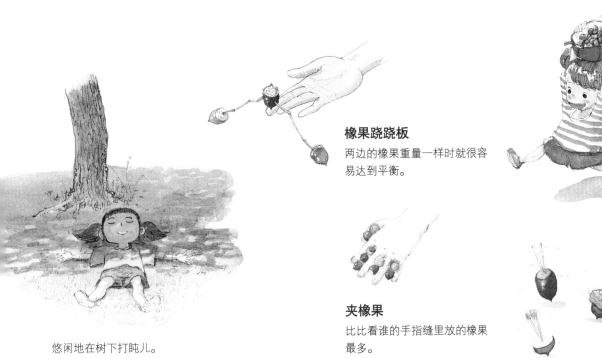

橡果跷跷板
两边的橡果重量一样时就很容易达到平衡。

夹橡果
比比看谁的手指缝里放的橡果最多。

用橡果做陀螺

悠闲地在树下打盹儿。

来自树的礼物

用木材做成的东西有漂亮的木纹。

纸是用木浆制成的。

我们来找找看家里的哪些东西是来自树的礼物。

木质托盘，木勺和木叉

用白蜡木制作的棒球棒

从树上摘下来的梨、水蜜桃、苹果等水果

木质玩具

用槭树的木材做成的小提琴，
以及用竹子制成的箫

素描本

木质衣架

木质抽屉柜

彩纸

泡桐木箱子

木质相框

铅笔和笔记本

木质书桌

木椅

纸质牛奶盒

卫生纸

树很美

春天 　新叶长出，花开了，山路都变得明亮起来。

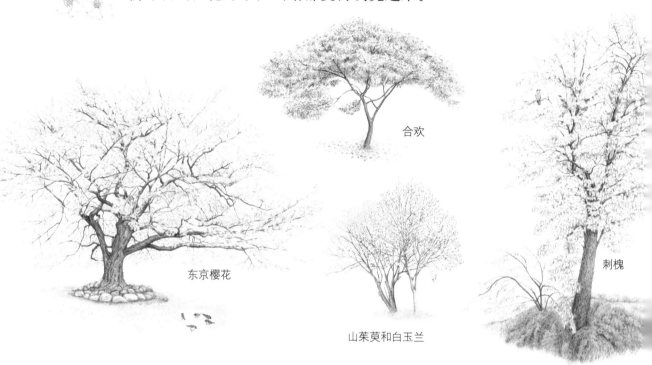

合欢

东京樱花

山茱萸和白玉兰

刺槐

夏天 　由于常下雨，气温升高，枝叶长得很快。

垂柳

榉树

秋天

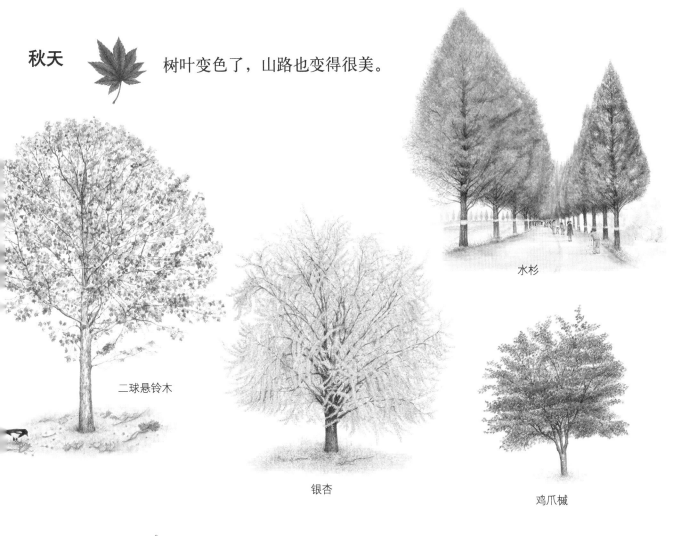

树叶变色了，山路也变得很美。

二球悬铃木

银杏

水杉

鸡爪槭

冬天

天气转冷，叶子落下。但常绿植物在冬天也不会落叶。

麻栎

赤松

白桦

作者简介

著者　**朴相珍**　　研究树木的韩国学者。曾就读于韩国首尔大学，并在日本京都大学获得农学博士学位。曾在韩国庆北大学任教。著有《宫殿里的树》《刻有历史印记的树木故事》《我们的文物古迹树木游记》等。

绘者　**孙庆姬**　　曾就读于韩国东德女子大学，专业为视觉设计，现居韩国清州。喜欢在攀爬韩国的月岳山和鸡鸣山的时候一边观察花草树木，一边将它们画下来。著有《微型画树木图鉴》《我喜欢的水果》等。

最美最美的博物书

[韩] 金泰佑 著 [韩] 李在恩 绘 赵莹 译 陈睿 审校

中信出版集团 | 北京

图书在版编目（CIP）数据

我爱昆虫 / （韩）金泰佑著 ；（韩）李在恩绘 ；赵
莹译 . -- 北京 ：中信出版社，2025. 2. -- （最美最美
的博物书）. -- ISBN 978-7-5217-7087-2

Ⅰ . Q96-49

中国国家版本馆 CIP 数据核字第 2025E1P038 号

My Favorite Insects 내가 좋아하는 곤충

Copyright © Kim Teawoo(金泰佑)/Lee Jaeeun(李在恩)，2009

All rights reserved.

This simplified Chinese edition was published by CITIC PRESS CORPORATION 2025
by arrangement with Woongjin Think Big Co., Ltd., KOREA through Eric Yang Agency Inc.

本书仅限中国大陆地区发行销售

我爱昆虫
（最美最美的博物书）

著　　者：［韩］金泰佑
绘　　者：［韩］李在恩
译　　者：赵　莹
出版发行：中信出版集团股份有限公司
　　　　　（北京市朝阳区东三环北路 27 号嘉铭中心　邮编　100020）
承 印 者：北京中科印刷有限公司

开　　本：889mm×1194mm　1/16　　印　张：20　　字　数：370 千字
版　　次：2025 年 2 月第 1 版　　　　印　次：2025 年 2 月第 1 次印刷
书　　号：ISBN 978-7-5217-7087-2　　京权图字：01-2012-7956
定　　价：146.00 元（全 5 册）

版权所有·侵权必究

如有印刷、装订问题，本公司负责调换。

服务热线：400-600-8099

投稿邮箱：author@citicpub.com

出　　品　中信童书
图书策划　巨眼
策划编辑　刘杨　崔宴彬　陈瑜
责任编辑　郑夏蕾
营　　销　中信童书营销中心
装帧设计　佟坤

出版发行　中信出版集团股份有限公司

服务热线：400-600-8099　网上订购：zxcbs.tmall.com
官方微博：weibo.com/citicpub　官方微信：中信出版集团
官方网站：www.press.citic

说　明

1　本书主要收录了我们身边常见的 35 种昆虫。

2　每幅图下面标注了该昆虫的真实体长。其中蝴蝶和飞蛾指的是翅膀张开的宽度，其他昆虫指的是从头到腹部的长度。

3　体长旁边注明了该昆虫出来活动的时间。

4　图画下面红色的字指取材的时间和地点。未标注的取材地点大多在韩国江原道洪川郡。

目录 ▸ ▸ ▸

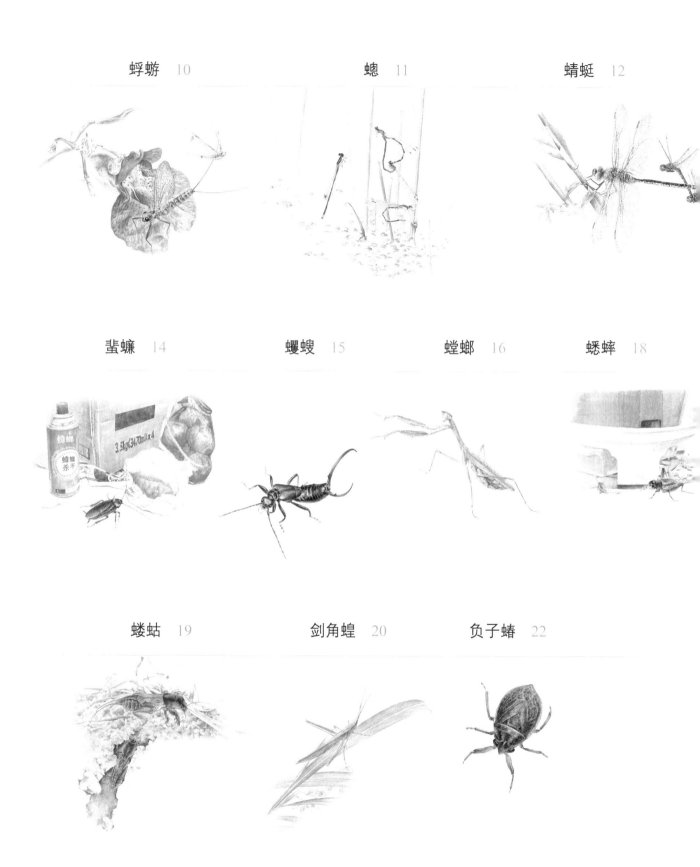

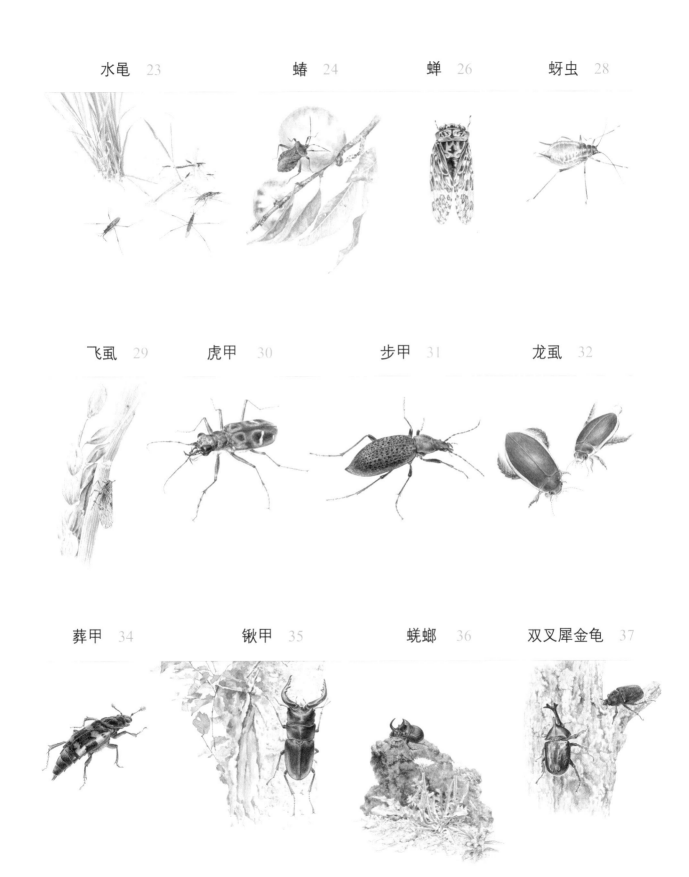

水黾 23　　　蝽 24　　　蝉 26　　　蚜虫 28

飞虱 29　　　虎甲 30　　　步甲 31　　　龙虱 32

葬甲 34　　　锹甲 35　　　蜣螂 36　　　双叉犀金龟 37

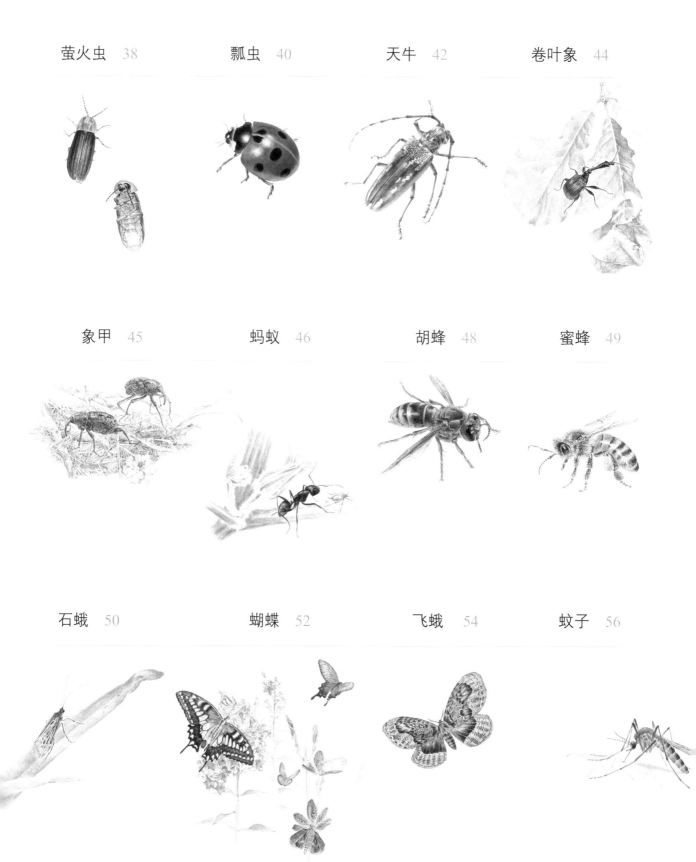

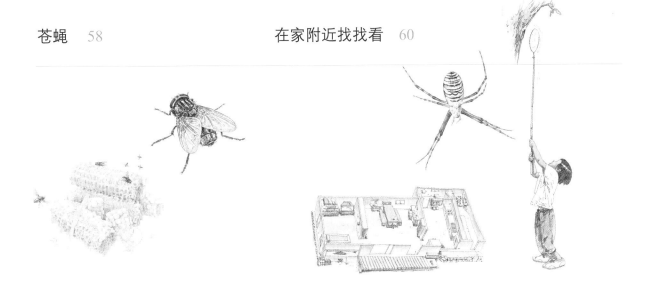

蜉蝣

Mayfly

别名：一夜老
一生：卵—稚虫—成虫
栖息地：水边
食物：成虫不进食
分类：昆虫纲蜉蝣目

蜉蝣的生命据说只有一天，所以又叫"一夜老"，但实际上蜉蝣成虫的寿命为几小时到几天不等。初夏时节的日落时分，水边可见到成群的蜉蝣飞来飞去，这时它们在挑选伴侣。交配后，雌性蜉蝣会于水中产卵，然后死去。

稚虫会在水中出生，靠吃长在石头上的苔藓和腐叶为生，长大后钻出水面并展开翅膀。成年蜉蝣没有功能性口器，所以无法进食。

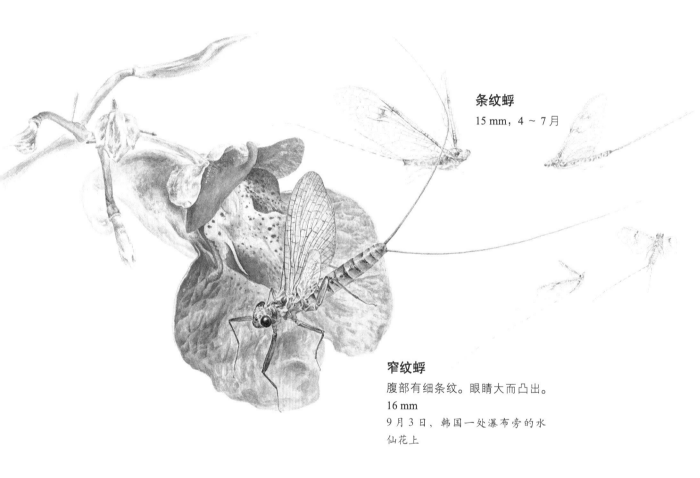

条纹蜉

15 mm，4 ~ 7 月

窄纹蜉

腹部有细条纹。眼睛大而凸出。
16 mm
9 月 3 日，韩国一处瀑布旁的水仙花上

蜉蝣稚虫

腹部有鳃，可以在水中呼吸。多见于清澈小溪中的石头上。

蟌（cōng）的身体像线一般细。与蜻蜓不同的是，蟌休息时翅膀会合起并直立起来。它们多数时间都躲在草上歇息，由于身体十分细长，停在草上时也较难被发现。蟌会捕捉小飞虫为食。

在交配时，雌雄蟌呈心形贴在一起。交配后，雌性会弓着肚子到水草上产卵。稚虫会在水中孵化，然后捕食水蚤和蚊子的幼虫。

蟌

Damselfly

别名：豆娘
一生：卵—稚虫—成虫
栖息地：水边、沼泽等
食物：小飞虫等
分类：昆虫纲蜻蜓目

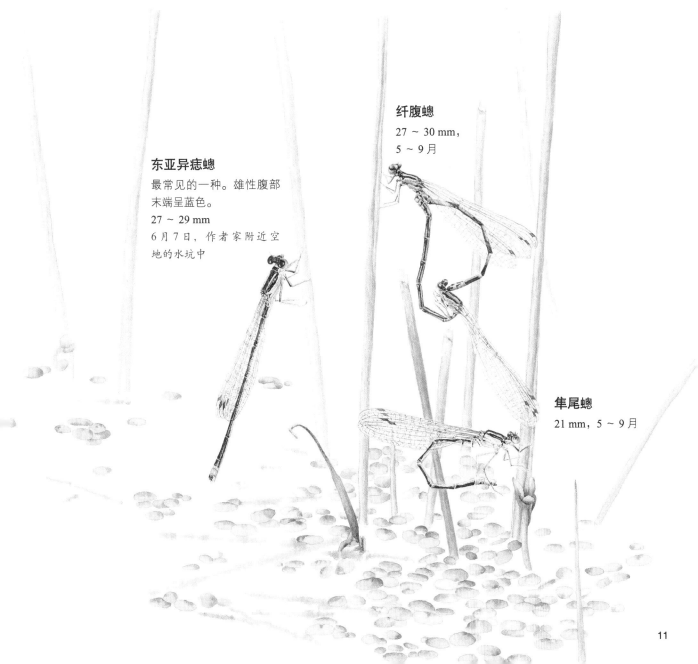

纤腹蟌

27 ~ 30 mm，
5 ~ 9 月

东亚异痣蟌

最常见的一种。雄性腹部末端呈蓝色。
27 ~ 29 mm
6 月 7 日，作者家附近空地的水坑中

隼尾蟌

21 mm，5 ~ 9 月

蜻蜓

Dragonfly

别名：灯烃、负劳、蝍蛉、桑螂、蜻虰、纱羊、青娘子

一生：卵—稚虫—成虫

栖息地：水边、田地等

食物：小型昆虫

分类：昆虫纲蜻蜓目

蜻蜓是飞行速度最快的昆虫之一。它会在飞行过程中捕食飞虫，有时也会吃其他的蜻蜓。蜻蜓多在水边栖息。如果两只蜻蜓衔接在一起飞，就是在交配了。雌蜻蜓时而用尾尖点水，是在水中产卵。

蜻蜓的稚虫叫作"水虿"。水虿在水中孵化，会捕食水中的虫子、蝌蚪或小鱼。

夏赤蜻
到了秋天，身体变成鲜红色。
27 mm，5 ~ 10 月

碧伟蜓
体形较大。从春天到秋天一直可见。
55 mm
8 月 25 日，韩国一处溪水边

蜻蜓稚虫长大后会钻出水面，开始蜕皮。

先将头部和胸部的皮蜕下，休息一会儿。

挺起身子，把尾巴也挣脱出来。

展开叠在一起的翅膀，伸直身体。

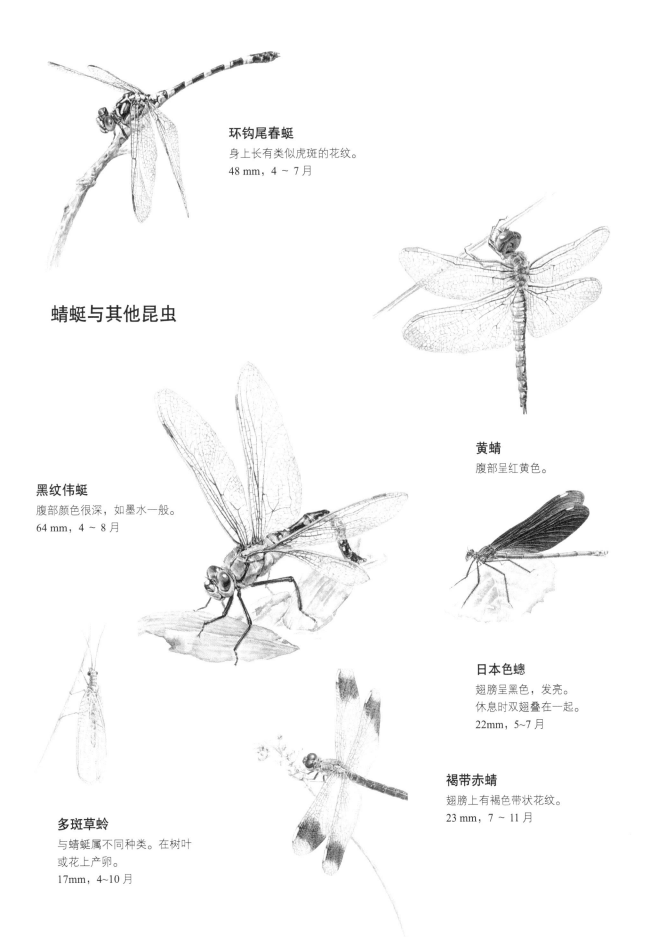

环钩尾春蜓
身上长有类似虎斑的花纹。
48 mm，4 ~ 7 月

蜻蜓与其他昆虫

黄蜻
腹部呈红黄色。

黑纹伟蜓
腹部颜色很深，如墨水一般。
64 mm，4 ~ 8 月

日本色蟌
翅膀呈黑色，发亮。
休息时双翅叠在一起。
22mm，5~7 月

褐带赤蜻
翅膀上有褐色带状花纹。
23 mm，7 ~ 11 月

多斑草蛉
与蜻蜓属不同种类。在树叶
或花上产卵。
17mm，4~10 月

蜚蠊

Cockroach

别名：蟑螂、黄婆娘
一生：卵—若虫—成虫
栖息地：广泛分布于人居环境中及野外
食物：各种食物残渣等
分类：昆虫纲蜚蠊目

蜚蠊常在人们家中出没。它们白天躲在下水道等阴暗的地方，夜晚出来活动。如果碰到人，会以极快的速度逃走。蜚蠊几乎没有不吃的食物，单靠喝水也可以生存三四个月。一只雌性蜚蠊在短时间内可以繁殖出几百只。

从前由于冬天较冷，蜚蠊比较少见。而现在冬天家中有暖气，蜚蠊也越来越多了。

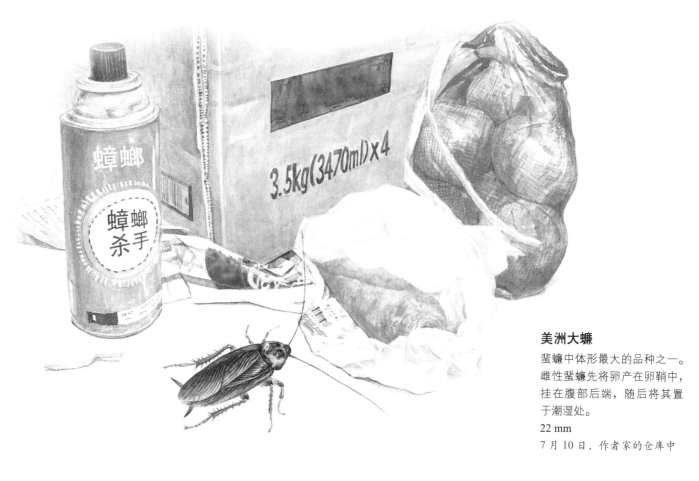

美洲大蠊
蜚蠊中体形最大的品种之一。雌性蜚蠊先将卵产在卵鞘中，挂在腹部后端，随后将其置于潮湿处。
22 mm
7月10日，作者家的仓库中

德国小蠊
在人们家中很常见。体形较小，呈淡淡的栗子色。
10 mm，全年可见

日本姬蠊
生活在树林中或腐叶下面。
12 mm，6～8月

蠼螋腹部末端有一对钳状的附肢，用来取食或抵御天敌。对于人类来说，就算被夹到也不太痛。蠼螋会分泌臭气驱敌。雌性蠼螋会在地底或石头下面产卵，然后一直守候在卵边，为它们打扫卫生，直到若虫孵化。

有些蠼螋有翅，有些无翅。有翅的蠼螋喜欢在花朵中栖息。没有翅的蠼螋大多在朽木里或石头下面打洞生活，偶尔也在下水道中出现。

蠼螋

Earwig

一生：卵—若虫—成虫
栖息地：人们家中、野外
食物：植物、小虫等
分类：昆虫纲革翅目

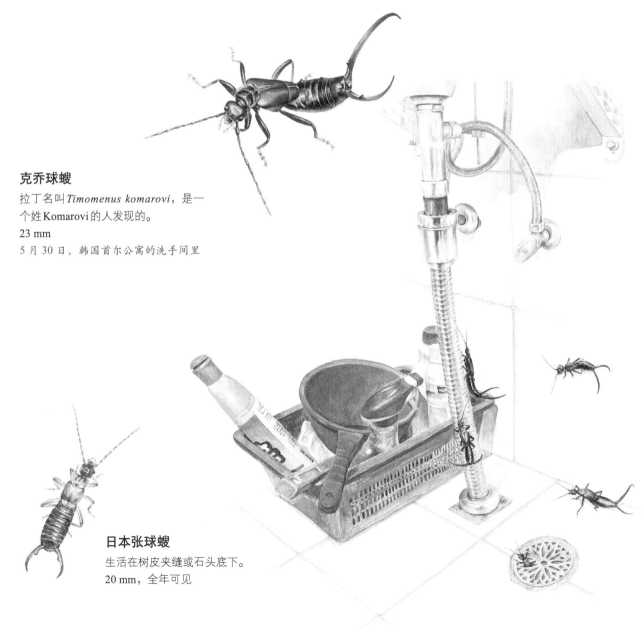

克乔球螋
拉丁名叫 *Timomenus komarovi*，是一个姓 Komarovi 的人发现的。
23 mm
5 月 30 日，韩国首尔公寓的洗手间里

日本张球螋
生活在树皮夹缝或石头底下。
20 mm，全年可见

螳螂

Mantis

别名：刀螂
一生：卵—若虫—成虫
栖息地：田地、野外
食物：小型昆虫等
分类：昆虫纲螳螂目螳螂科

螳螂生气时会挥舞两只大刀般的前足。它们藏身在草丛中，当猎物经过时，会用前足将其捕捉。雌性螳螂在交配后会将雄性螳螂吃掉，然后一边产卵，一边分泌可保护卵的物质，形成卵鞘。

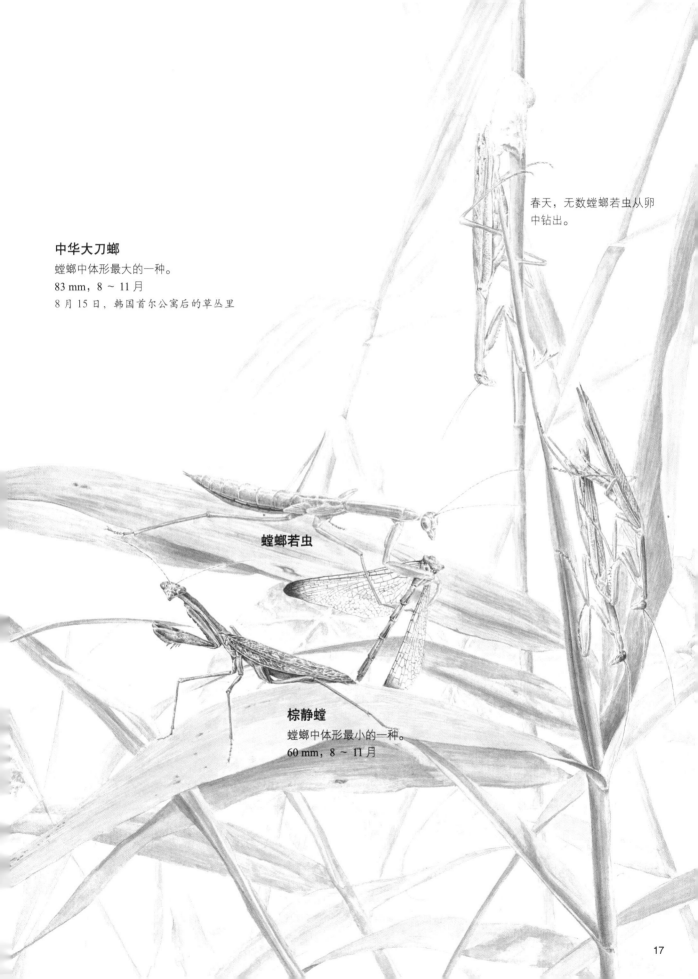

中华大刀螂

螳螂中体形最大的一种。

83 mm，8 ~ 11 月

8 月 15 日，韩国首尔公寓后的草丛里

春天，无数螳螂若虫从卵中钻出。

螳螂若虫

棕静螳

螳螂中体形最小的一种。

60 mm，8 ~ 11 月

蟋蟀

Cricket

别名：促织、蛐蛐儿
一生：卵—若虫—成虫
栖息地：田地、野外
食物：植物的根、茎、叶、种子等
分类：昆虫纲直翅目蟋蟀科

秋天的夜晚，草丛里或家附近经常能听到"唧唧"的声音，这便是蟋蟀的叫声。白天，蟋蟀会藏身于石头下或暗处。只有雄性会发出声音，它们靠扇动两侧的翅膀发声。"咕噜噜噜"的声音是雄性呼唤异性的歌声，遇见其他同性时则会发出"唧啦啦""唧唧"的尖锐声音。雄性蟋蟀喜欢互相打斗。雌性在土中产卵。次年初夏，若虫孵化，并从土中钻出。

黄脸油葫芦
头圆且坚硬。耳朵在前腿上。
25 mm
8 月 20 日，韩国首尔公寓的阳台上

蟋蟀什么都吃。蚯蚓、草茎都是它的食物。

金钟儿
秋天发出铃声般的虫鸣。
17 mm，8 ~ 10 月

蟋蟀与其他昆虫

驼螽
背部拱起，没有翅膀。
19mm，常年可见

蝼蛄身上长着软软的毛。因为会发出"嘀噜噜嘀噜噜"的声音，在北方被称为"拉拉蛄"。它在田间地垄上也会发出"哔哔哔"的声音。只有雄性可以发声。

蝼蛄生活在土里，偶尔也会到地面上活动。它有翅膀，喜欢飞到有光的地方。如果掉进水里，它也会游泳。雌性蝼蛄会在地洞中产卵，并一直守候在旁边，直至若虫孵化。

蝼蛄

Mole Cricket

俗名：拉拉蛄、土狗
一生：卵—若虫—成虫
栖息地：田地、野外
食物：杂草等
分类：昆虫纲直翅目蝼蛄科

蝼蛄
前足形状很像鼹鼠的两只前脚。在西方也被称作"鼹鼠蟋蟀"。
30 mm
7 月 23 日，韩国的一处白薯地里

蝼蛄在挖土豆吃。

剑角蝗

Slant-faced Grasshopper

别名：扁担钩、尖头蚱蜢、小尖头蚱蜢
一生：卵—若虫—成虫
栖息地：田地、野外
食物：杂草等
分类：昆虫纲直翅目剑角蝗科

雌性的体形较大，所以也叫"大雌蚱蜢"。雄性还没有雌性的一半大，而且特别瘦小。有人经过时，剑角蝗会发出"嗒嗒嗒"的声音，然后迅速飞走。

剑角蝗靠啃食狗尾草、水稻、紫芒一类的植物为生。雌性剑角蝗会在坚硬的地上打洞并在其中产卵。

剑角蝗
脑袋狭长，触角短且扁平。外形像草叶一般，躲在草上时很难被发现。
45 mm
8 月 27 日，韩国路边的草丛里

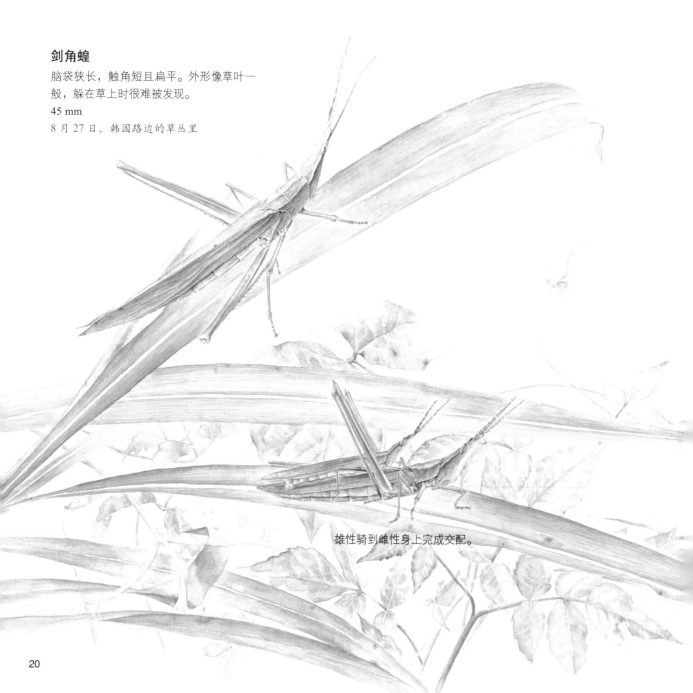

雄性骑到雌性身上完成交配。

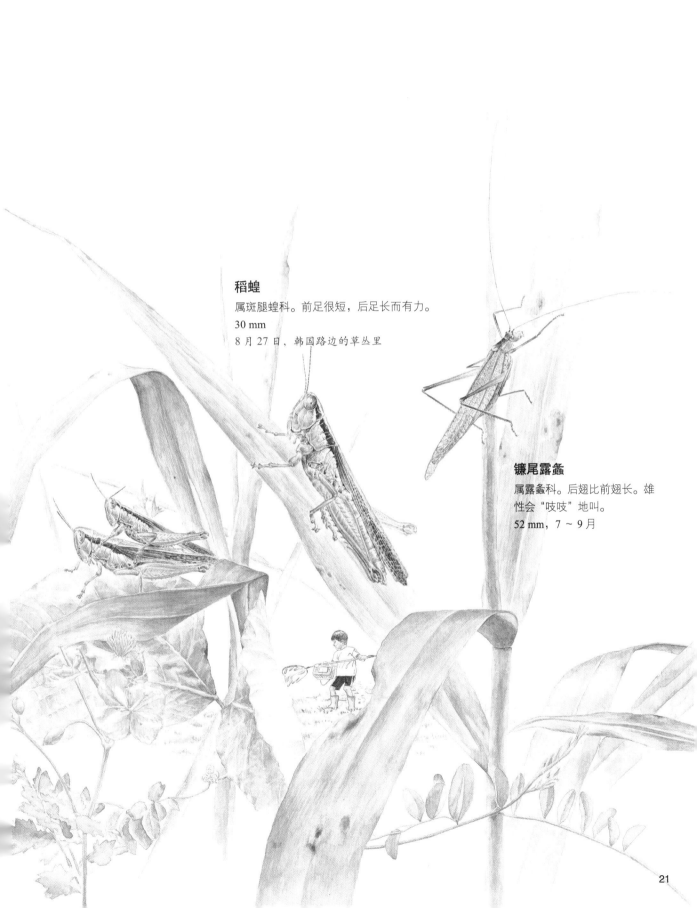

稻蝗

属斑腿蝗科。前足很短，后足长而有力。

30 mm

8 月 27 日，韩国路边的草丛里

镰尾露螽

属露螽科。后翅比前翅长。雄性会"吱吱"地叫。

52 mm，7 ～ 9 月

负子蝽

Water Bug

别名：潜水甲虫
一生：卵—若虫—成虫
栖息地：沼泽、池塘等
食物：蝌蚪、小虫、小鱼等
分类：昆虫纲半翅目负子蝽科

负子蝽的后背像龟背一样扁平。它生活在安静的沼泽和池塘里，靠捕捉水中的虫子为生，也吃蝌蚪和小鱼。

到了交配的季节，雄性负子蝽会来到水面上做"俯卧撑"，使水面泛起涟漪，以吸引异性。交配后，雌性会在雄性背上产卵。雄性会带着这些卵生活，直到若虫孵化。在这段时间里，雄性会不时钻到水面上呼吸新鲜空气，晒晒太阳。

负子蝽
背部扁平宽阔。前足形状像镰刀。中间两足和后足上都有绒毛。
20 mm
8 月 19 号，韩国一处山谷的梯田中

雌性负子蝽在雄性背上一次能产下 30 ~ 40 颗卵，有时甚至多达 100 颗。两周后，若虫会孵化出来。

水黾
足上有很多细毛，且有油脂分泌，可以漂在水面上。

15 mm

8 月 5 日，韩国的一处梯田中

水黾可以在水面上自由活动。它喜欢捕捉不小心掉进水中的虫子，有时也吃死去后浮上水面的鱼。由于无法在地面上活动，如果所在的水域干涸了，它就会飞去另一处水域。在夜晚，水黾喜欢待在有光的地方。

水黾胆子很小，一有其他生物靠近就马上逃离，对水面的涟漪也很敏感。用手抓住水黾并放在鼻前的话，会闻到类似香油的气味。

水黾

Water Strider

别名：水马、水蜘蛛、水蚊子
一生：卵—若虫—成虫
栖息地：水边
食物：落进水里的昆虫等
分类：昆虫纲半翅目黾蝽科

蝽

Stink Bug

俗名：放屁虫、臭板虫、臭大姐
一生：卵—若虫—成虫
栖息地：田地、野外
食物：植物汁液、小型昆虫等
分类：昆虫纲半翅目蝽科

　　如果招惹蝽，它就会分泌出臭液，因此也有"臭大姐"之称。不过，每种蝽的分泌物气味不同，也有散发香气的蝽。

　　有些种类的蝽以吸食稻谷和未成熟果实的汁液为生，也有一些种类会捕食其他的昆虫。被蝽咬过后，果实上会留下疤痕，稻谷会变瘪。所以蝽的数量过多时，会影响稻谷的收成。

月肩奇缘蝽
蝽中体形偏大的。受到威胁时会发出酸臭味。
6 月 15 日，作者家厕所边的桃树上

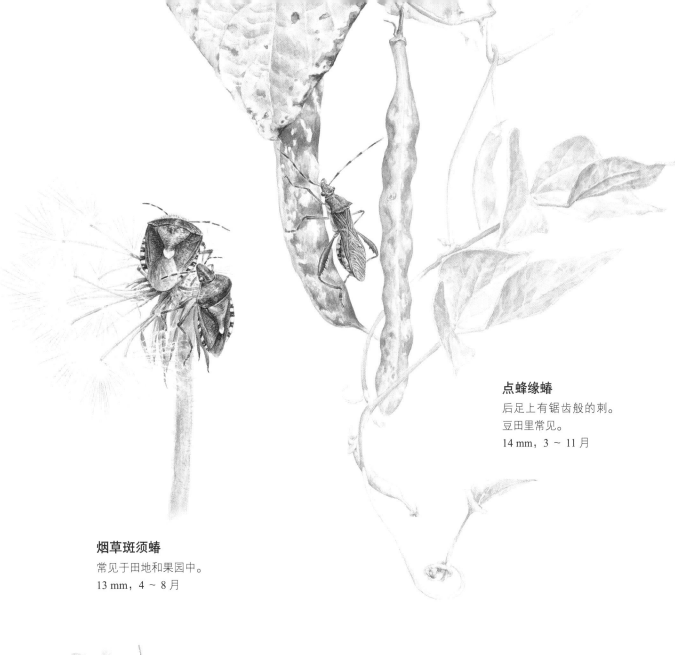

点蜂缘蝽
后足上有锯齿般的刺。
豆田里常见。
14 mm，3 ～ 11 月

烟草斑须蝽
常见于田地和果园中。
13 mm，4 ～ 8 月

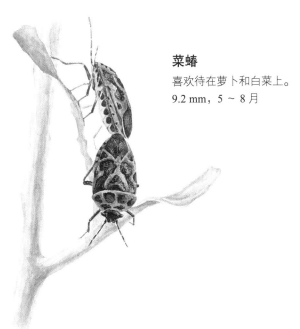

菜蝽
喜欢待在萝卜和白菜上。
9.2 mm，5 ～ 8 月

金绿宽盾蝽
草绿色的后背上长着红条纹。
8 mm，5 ～ 7 月

蝉

Cicada

别名：知了
一生：卵—若虫—成虫
栖息地：公园、野外
食物：树液等
分类：昆虫纲半翅目蝉科

蝉也叫"知了"，"知了知了"是蝉发出的声音，但只有雄蝉才会发声。雌性听到雄性发声时会循着声音找过去，交配结束后再将产卵器插入树皮内产卵。

若虫从卵中孵化后会钻入地底，靠吸食树根的汁液过活，并在土中生活很长一段时间。接着，若虫会在适合的时间（通常是夜间）从土中钻出，然后贴在树上并蜕下一层皮，变成成虫。

蟪蛄

全身长有短毛。会发出"嘤嘤"的声音。

22 mm

油蝉

发出的声音像油在沸腾，所以叫作"油蝉"。

35 mm

蚱蝉

会发出"喳啦啦啦"的长音。声音大，体形也大。

43 mm

鸣蝉

会发出"咩咩咩"的声音。

35 mm

蒙古寒蝉

会发出"唑啦啦"的声音。

30 mm

斑衣蜡蝉

属蜡蝉科。翅膀上有漂亮的花纹，乍一看好像蝴蝶。与蝉不同的是，它不会叫。

14mm

自从进入初夏，树上的蝉就开始鸣个不停。
待到蟋蟀出现，蝉鸣会逐渐消失。
8月21日，韩国的一处村庄

27

蚜虫

Aphid

别名：腻虫、蜜虫
一生：卵—若虫—成虫
栖息地：各种植物上
食物：植物的汁液
分类：昆虫纲半翅目蚜总科

蚜虫会吸食植物的汁液，并排出黏腻的蜜露。蚂蚁常出现在蚜虫的旁边，这是因为它们喜欢蚜虫甜津津的蜜露。

蚜虫多出现在新枝上，通常会成群爬在上面。虽说蚜虫只有芝麻粒大，但繁殖得很快。雌性蚜虫在未交配的情况下也可产卵。如果植物上出现蚜虫，就很容易生病或枯萎。

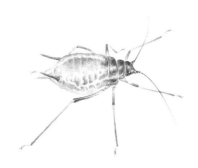

蚜虫
只有芝麻粒大。有些蚜虫有翅。
2 mm
8 月 13 日，作者家停车场旁边的树荫下

百强蚜
若虫时期身体是红色的，成长过程中颜色会慢慢加深。
2 mm，常年可见

印度修尾蚜
身上覆盖一层白色的粉。
2 mm，常年可见

板栗大蚜
黑色，肚子是圆的。
2.5 mm，常年可见

飞虱主要生活在田地里，是破坏农作物的主要害虫之一。韩国古时候也叫它"灭吴"，据说吴国曾因为飞虱过多造成了巨大的损失。飞虱喜欢爬到水稻上吸食其汁液。如果飞虱太多，水稻的收成就会减少。

飞虱有翅，感受到威胁时会马上逃走。

飞虱

Planthopper

一生：卵—若虫—成虫
栖息地：各种植物上
食物：植物的汁液
分类：昆虫纲半翅目飞虱科

飞虱与其他昆虫

叶蝉
体形很小，外形像蝉。
3 mm
9 月 1 日，韩国的一处水田里

芦苇长突飞虱
外形与叶蝉相似，但体形更细长。
3.5 mm，6 ~ 11 月

红袖蜡蝉
前翅较大，通体金红色。
4 mm，6 ~ 9 月

瓢蜡蝉
外形像瓢虫。
3 mm，5 ~ 8 月

虎甲

Tiger Beetle

别名：拦路虎、引路虫
一生：卵—幼虫—蛹—成虫
栖息地：田地、野外
食物：各种昆虫及其幼虫、卵块等
分类：昆虫纲鞘翅目虎甲科

虎甲总是喜欢横在路上，所以又叫"拦路虎"。初夏开始时，可经常在山路上见到。

虎甲将卵产在地底下。幼虫孵化后只将脑袋伸到外面，当猎物经过时，就会突然跳出来，然后用有力的下颚咬住猎物并将其拖入地下。

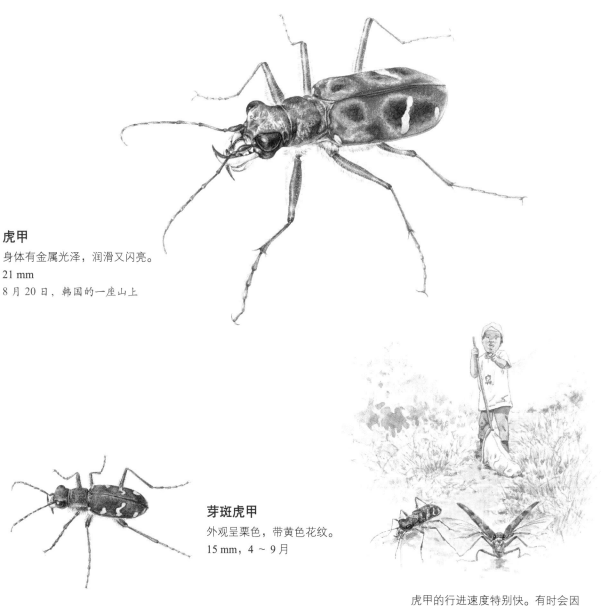

虎甲
身体有金属光泽，润滑又闪亮。
21 mm
8 月 20 日，韩国的一座山上

芽斑虎甲
外观呈栗色，带黄色花纹。
15 mm，4 ~ 9 月

虎甲的行进速度特别快。有时会因为走得太快而错失了猎物，茫然地四处张望。

绿步甲
个头大，十分闪亮。
40 mm
8 月 30 日，韩国德积岛

步甲会将蜗牛从壳里挖出来吃，也会
吃落在树干上的蛾子。

步甲喜欢在夜晚活动。它们的行进速度很快，却不善飞行，是因为前翅很坚硬，后翅又没有发育。有些种类的步甲被捉住时会分泌特别难闻的液体。

步甲靠捕食鼠妇、蜗牛和蚯蚓一类在地底生活的小动物为生，也经常吃受伤或死掉的虫子。它们的嗅觉很灵敏，在黑暗中也能够找到食物。步甲的下颚很坚硬，能切断猎物。

步甲

Ground Beetle

一生：卵—幼虫—蛹—成虫
栖息地：田地、野外
食物：蚯蚓、蜗牛等
分类：昆虫纲鞘翅目步甲科

龙虱

Diving Beetle

别名：潜水甲虫、真水生甲虫
一生：卵—幼虫—蛹—成虫
栖息地：水田、池塘、沼泽等
食物：小鱼、水生昆虫等
分类：昆虫纲鞘翅目龙虱科

　　龙虱生活在水中。有的种类背部像抹了油一样光亮，也有一些背上长满竖纹，看起来较粗糙。

　　龙虱靠捕食水生昆虫、螺蛳或小鱼为生。如果招惹它它会咬人，也会释放臭味。龙虱原本生活在池塘或水坑中，现在相对少见。

中华真龙虱

后足长且有细毛，便于划水。四处活动时尾部总是挂着一个气泡。

37 mm

8 月 10 日，韩国一处村庄的水田里

龙虱的幼虫形似一只虾。

3 次蜕皮后从水中出来钻进土里。

在泥土中化蛹。

完全长大后再次蜕变，破蛹而出，重新回到水中。

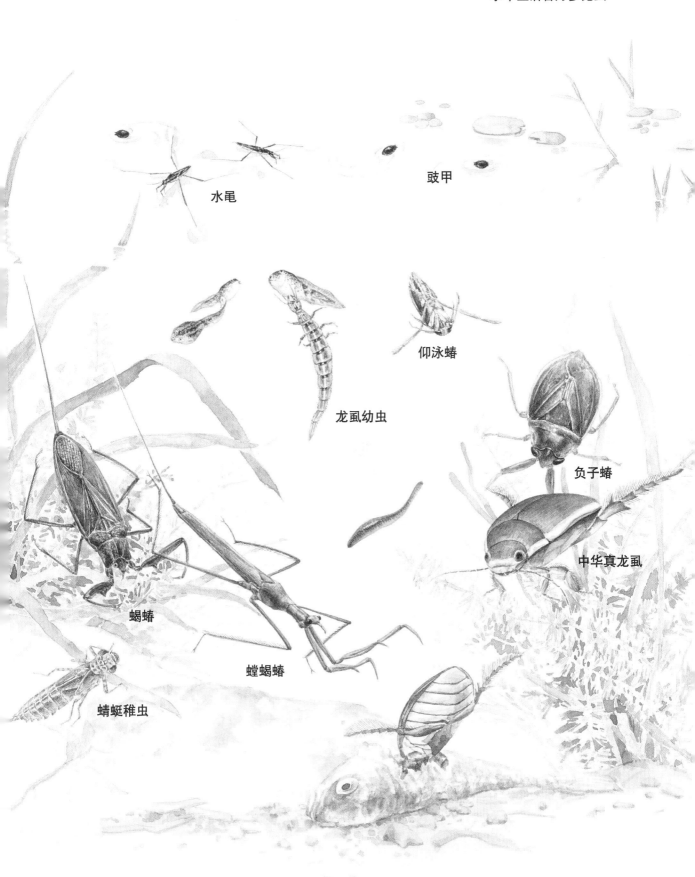

水黾

豉甲

仰泳蝽

龙虱幼虫

负子蝽

中华真龙虱

蝎蝽

螳蝎蝽

蜻蜓稚虫

葬甲

Carrion Beetle

别名：埋葬虫
一生：卵—幼虫—蛹—成虫
栖息地：田地、野外
食物：动物尸体、昆虫等
分类：昆虫纲鞘翅目葬甲科

因为以动物尸体为食，所以叫"葬甲"。单听名字就觉得它很可怕，但它其实是名副其实的"动物尸体清洁工"。葬甲还会在尸体中产卵，然后将其埋进土里。

葬甲的嗅觉很灵敏。如果嗅到腐烂的气味，它会立刻飞到空中寻找尸体。葬甲的身上常寄居着很多螨虫，这些螨虫依靠葬甲来寻找食物。

前纹葬甲
前翅上有橘色花纹。触角末端较粗。雌性将卵产在尸体中，幼虫靠啃食尸体存活。
22 mm
9 月 10 日，韩国首尔一小区内的空地上

葬甲受到威胁时会倒地装死，有时也会释放出怪异的味道。

大黑葬甲
身体较宽。背甲上有竖纹。
17 mm，6 ~ 7 月

齿棱颚锹甲

体形小巧，背面光滑。雄性下颚较短。

15 mm，7 ~ 9 月

日本锯锹

雄性的上颚又大又长，上面长着小牙一样的凸起，看起来很像鹿角。

40 mm

8 月 15 日，韩国的一座山上

锹甲的上颚像鹿角一般帅气，所以又叫"鹿角虫"。如果招惹它，它会用角夹人。锹甲的角是雄性在争夺异性时使用的武器，也用来与其他昆虫争夺食物。打斗时，锹甲会用角顶对方，就像摔跤一样。

锹甲主要靠吸食树汁为生。当树皮间隙中有汁液流出时，它们会循着香气飞过来，用刷子一样的口器舔食。在夜晚，锹甲喜欢飞到有光亮的地方。

锹甲

Stag Beetle

别名：锹形虫、鹿角虫
一生：卵—幼虫—蛹—成虫
栖息地：橡树林等
食物：树汁等
分类：昆虫纲鞘翅目锹甲科

蜣螂

Dung Beetle

别名：屎壳郎
一生：卵—幼虫—蛹—成虫
栖息地：村庄中、野外
食物：动物粪便
分类：昆虫纲鞘翅目金龟总科

蜣螂一生都在与粪便打交道，所以人称"屎壳郎"。蜣螂喜欢将牛粪滚成粪球，马粪、狗粪也不在话下。它会先倒立起来，用后足推球，把球推进地洞，然后在地洞里放心地尽情享用。蜣螂还会将卵产在粪球中，幼虫也以粪便为食。

现在的牛都吃饲料长大，排出的粪便中含有化学物质，味道很难闻，蜣螂不喜欢，所以乡下的蜣螂越来越少见了。

臭蜣螂
雄性有一只大角。
15 mm

神圣粪金龟
产卵时把粪球滚成葫芦形。
28 mm，5 ~ 8 月

双叉犀金龟是甲虫中个头较大的一种，力气也极大。雄性长有一只角，形似犀牛角。双叉犀牛角常用角互相顶撞，获胜的一方可与雌性交配。有时它们为了争夺树汁，还会与锹甲打斗。

双叉犀金龟总是"噗"的一声突然起飞。它们白天停留在落叶下或树皮上休息，晚上为了吸食树汁而四处活动。双叉犀金龟喜光，被抓住时会发出"唧唧"的声音。

双叉犀金龟

Rhinoceros Beetle

别名：独角仙，兜虫
一生：卵—幼虫—蛹—成虫
栖息地：橡树林等
食物：树汁等
分类：昆虫纲鞘翅目金龟子科

双叉犀金龟与其他昆虫

雌性

双叉犀金龟
雄性个头大，有角。雌性无角。
53 mm
7月21日，韩国江原道　麟蹄郡
美山溪谷

多色异丽金龟
16 mm，6～9月

苹绿异丽金龟
18 mm，4～8月

灰胸突鳃金龟
30 mm，6～8月

萤火虫

Firefly

别名：火炎虫、夜火虫
一生：卵—幼虫—蛹—成虫
栖息地：水边
食物：成虫几乎只喝露水
分类：昆虫纲鞘翅目萤科

因为能发出一闪一闪的光，所以叫"萤火虫"。由于它们喜欢停留在狗的粪便上，也叫"狗屎虫"。现在比较少见了。

夏天的傍晚，在清澈的小溪旁或山谷中通常可以见到萤火虫。若干只萤火虫常在一起发着光飞来飞去，这是雄性在向雌性发出信号。萤火虫的幼虫主要以水中的螺类为食。成虫几乎只喝露水，交配后就会死去。

亚洲窗萤
从初夏到初秋可见。腹部发光，但不发热。
15 mm
9 月 11 日，韩国一个村庄的溪谷边

黄萤
比亚洲窗萤的体形要小。初夏时节出现。
10 mm，6 ~ 7 月

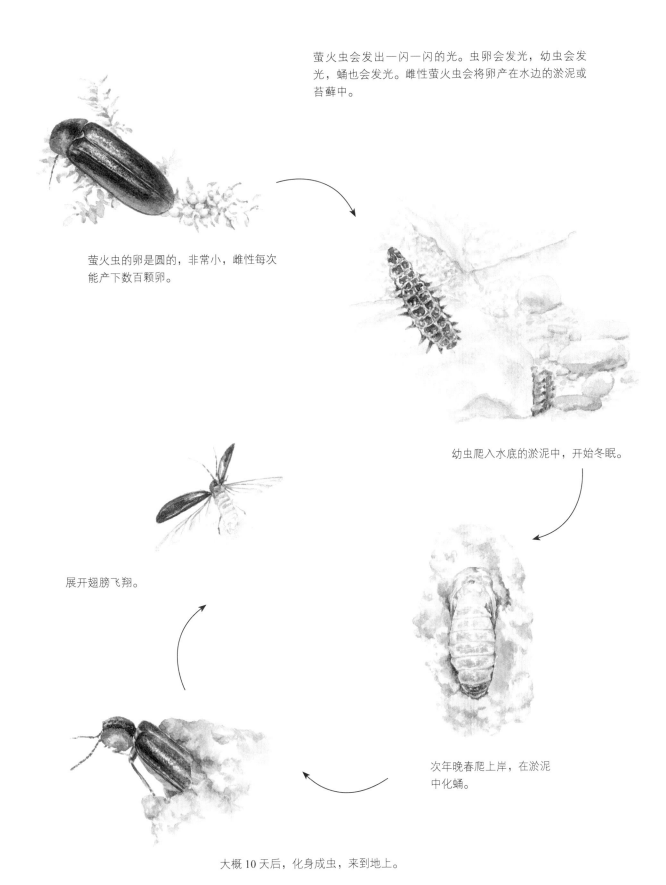

萤火虫会发出一闪一闪的光。虫卵会发光，幼虫会发光，蛹也会发光。雌性萤火虫会将卵产在水边的淤泥或苔藓中。

萤火虫的卵是圆的，非常小，雌性每次能产下数百颗卵。

幼虫爬入水底的淤泥中，开始冬眠。

展开翅膀飞翔。

次年晚春爬上岸，在淤泥中化蛹。

大概 10 天后，化身成虫，来到地上。

瓢虫

Ladybug

别名：红娘、金龟、臭龟子、花大姐
一生：卵—幼虫—蛹—成虫
栖息地：田地、野外
食物：蚜虫等
分类：昆虫纲鞘翅目瓢甲科

　　因为背部圆圆的像一只瓢，所以叫作"瓢虫"。大部分瓢虫靠吃蚜虫等危害农作物的害虫为生。一只瓢虫一天能捕食100多只蚜虫，是有利于农业生产的益虫。不过，有的种类也会危害蔬菜。

　　瓢虫为了寻找蚜虫，常爬到植物顶端。即便一只蚜虫都没发现，它也会执着地爬上去，然后再扑棱棱地飞走。在冬天，瓢虫会一起聚到落叶下或向阳地冬眠。

七星瓢虫
鞘翅上有七个黑点。
8.4 mm
7月1日，作者家前的花园

瓢虫在叶子上产卵。

幼虫孵化后以蚜虫为食。

蜕皮3次后变成蛹。

成虫从蛹中钻出，展翅并将双翅晾干。

扑棱棱地起飞。

十三星瓢虫
背部有十三个斑点。
5 mm，4 ~ 8 月

白斑褐瓢虫
背部长满白色斑点。松树上较
多见。
8 mm，4 ~ 6 月

二十八星瓢虫
与其他瓢虫不同，二十八星瓢
虫以茄子、土豆等作物的叶子
为食。

奇变瓢虫
瓢虫中体形最大的。鞘翅边缘稍向内扣。
13 mm，4 ~ 7 月

龟纹瓢虫
比奇变瓢虫小很多。
4 mm，4 ~ 9 月

瓢虫感受到危险时，会立刻蜷起腿，一
动不动地躺着装死。受到刺激时则会分
泌一种难闻的淡黄色液体。

天牛

Long-horned Beetle

别名：啮桑、啮发、天水牛、八角儿、牛角虫
一生：卵—幼虫—蛹—成虫
栖息地：森林等
食物：花粉、树皮等
分类：昆虫纲鞘翅目天牛科

天牛的触角像牛角，所以叫"天牛"。如果用手抓住天牛的触角，它会不停地点头，并发出"唧唧"的声音。

天牛产卵时会先咬破树皮，然后插入产卵管，产下一颗或数颗卵。幼虫醒来后会直接啃食周围的树干，然后变成蛹，长大变成成虫后才会破蛹而出。

锯天牛
前胸背板两边呈锯齿形状。
32 mm，5 ~ 9 月

云斑白条天牛
体形较大。
50 mm
8 月 1 日，韩国江原道城隍堂

星天牛
常栖息于柳树上，城市道路两边的树上也常见到。
30 mm，6 ~ 8 月

栗肿角天牛
身上长满黄色绒毛。
42 mm，6 ~ 8 月

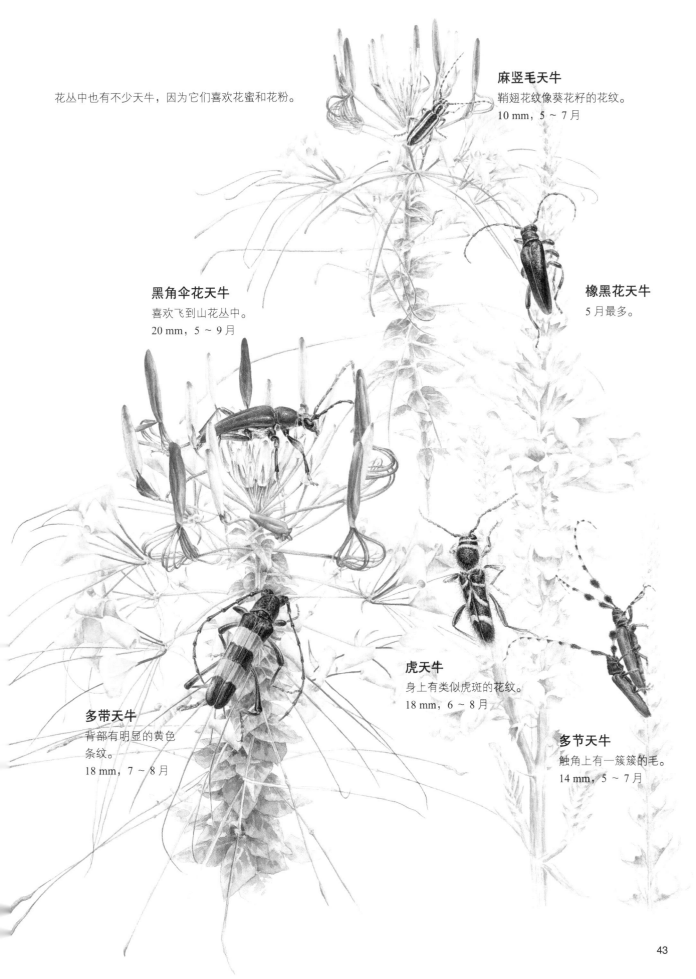

花丛中也有不少天牛，因为它们喜欢花蜜和花粉。

麻竖毛天牛
鞘翅花纹像葵花籽的花纹。
10 mm，5 ~ 7 月

橡黑花天牛
5 月最多。

黑角伞花天牛
喜欢飞到山花丛中。
20 mm，5 ~ 9 月

虎天牛
身上有类似虎斑的花纹。
18 mm，6 ~ 8 月

多带天牛
背部有明显的黄色
条纹。
18 mm，7 ~ 8 月

多节天牛
触角上有一簇簇的毛。
14 mm，5 ~ 7 月

卷叶象

Leaf-rolling Weevil

别名：卷叶象鼻虫
一生：卵—幼虫—蛹—成虫
栖息地：森林、果园等
食物：树叶、果实等
分类：昆虫纲鞘翅目卷叶象科

卷叶象的脖子很长，而且雄性的脖子比雌性的更长。5 月份去山上常能见到地上有干枯卷曲的叶子，慢慢打开，会发现里面包裹着一粒芝麻大的卵。这样的叶子就是卷叶象的卵房。

幼虫从卵中孵化后，会开始吃周围的枯叶。也就是说，树叶既是它们的卵房，也是它们的食物。变成成虫后，它们会捅破树叶钻出来。

栎长颈象
雄性会飞来卵房附近。卵房由雌性建造。
9 mm
7 月 29 日，作者家后山

卷叶象建造卵房的技术很高超。

用步伐丈量叶子的长度。

裁断叶片，将其对折。

产卵后将叶片一圈圈卷起。

最后留出一部分向外翻，包裹整个卵房。

卷起的叶子中有小小的卵。

蒙栎象

栗子未成熟时，蒙栎象会钻破栗子的外壳，在里面产卵。幼虫出生后以栗子为食。

6 mm，8 ~ 9 月

米象

啃食大米，在米粒中产卵。

2 mm，5 ~ 10 月

大褐象甲

个头大，外壳十分坚硬。在粗壮的松树根部能看到很多大褐象甲打出的洞。

25 mm

7 月 12 日，作者家后山

象甲的口器很长，它用长长的口器吃树上的果实和叶子。被象甲啃食过的地方会留下一个个小洞。栗子和桃子中常能见到象甲的卵。

象甲行动缓慢，但身体很结实，足以保护自己。遇到危险时，它会蜷起身子装死，不管怎么摇晃它都一动不动。过了一段时间，敌人离开后，它才又慢吞吞地开始行进。

象甲

Weevil

别名：象鼻虫
一生：卵—幼虫—蛹—成虫
栖息地：田地、森林等
食物：果实等
分类：昆虫类鞘翅目象甲科

蚂蚁

Ant

一生：卵—幼虫—蛹—成虫
栖息地：广泛分布于人居环境中及野外
食物：昆虫、种子等
分类：昆虫纲膜翅目蚁科

蚂蚁十分常见，我们在草地上玩耍时常有蚂蚁跑到腿上。蚂蚁喜欢列队行进，并依靠群体力量移动食物。

蚂蚁靠气味来辨识家人。它们会互碰触角，闻对方的气味。属于同一蚁群的蚂蚁关系亲密，但与其他蚁群的成员经常打架。如果招惹它，就可能被咬。若被蚂蚁咬到，皮肤会红肿起来。蚂蚁的尾部能分泌蚁酸。

日本弓背蚁
常在运动场或草地上打洞生活。喜欢追逐蚜虫、吃甜食，也捕捉其他昆虫。
13 mm
6 月 15 日，韩国的一处农场里

叶盛山蚁（石狩红蚁）
身体多呈红色。
6 mm，5 ~ 8 月

叶形多刺蚁
胸口有钩子一样的刺。常成群
生活在朽木中。
8 mm，4 ~ 5 月

蚂蚁生活在地下的蚁洞中。蚁洞中有很多房间。

堆放食物的房间

蚁后的房间

蛹的房间

卵的房间

幼蚁的房间

公蚁的房间

47

胡蜂

Wasp

别名：马蜂、黄蜂
一生：卵—幼虫—蛹—成虫
栖息地：果园、树林等
食物：昆虫及其幼虫、花蜜等
分类：昆虫纲膜翅目胡蜂总科

胡蜂比蜜蜂的个头大，招惹它可能会被蜇。它们还会破坏蜜蜂的蜂巢，偷走蜂蜜，甚至捉蜜蜂吃。

胡蜂常在空树干中或石缝间筑巢，有时也把巢建在人类的屋檐下。其蜂巢多有足球那么大，由剥下的树皮和蜂蜡等黏合而成。巢内排列着很多六角形的房间，蜂王会在这些房间里产卵。幼虫经历过蛹的阶段后，会羽化为成虫并破蛹而出。

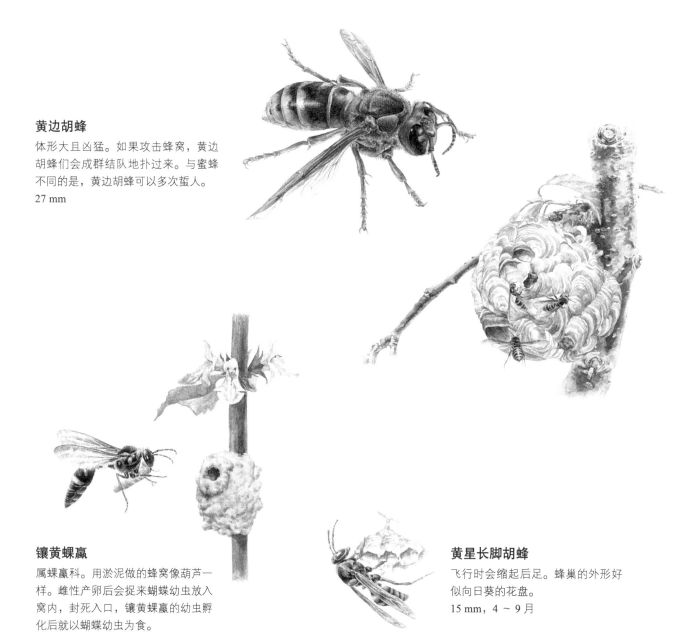

黄边胡蜂
体形大且凶猛。如果攻击蜂窝，黄边胡蜂们会成群结队地扑过来。与蜜蜂不同的是，黄边胡蜂可以多次蜇人。
27 mm

镶黄蜾蠃
属蜾蠃科。用淤泥做的蜂窝像葫芦一样。雌性产卵后会捉来蝴蝶幼虫放入窝内，封死入口，镶黄蜾蠃的幼虫孵化后就以蝴蝶幼虫为食。
25 mm，6～10 月

黄星长脚胡蜂
飞行时会缩起后足。蜂巢的外形好似向日葵的花盘。
15 mm，4～9 月

因为喜欢采集花蜜，所以叫"蜜蜂"。蜜蜂常在花间吸足花蜜，然后带回去吐在蜂巢的房间里。一个蜂巢里通常生活着上万只蜜蜂，其中只有一只蜂王，它一天能产下成百上千颗卵。工蜂负责在外面搜集花粉和花蜜作为食物，也负责修建蜂房。雄蜂只有在交配时才出现，交配后就会死去。

若招惹蜜蜂，它们会用螫针蜇人。因为蜇人时蜂刺会将蜜蜂的内脏一同带出，所以蜇过人的蜜蜂会立刻死去。

蜜蜂

Honey Bee

一生：卵—幼虫—蛹—成虫
栖息地：森林、田野等
食物：花蜜、花粉等
分类：昆虫纲膜翅目蜜蜂科

蜜蜂
在花上采蜜，后腿上沾着花粉团飞来飞去。
14 mm
7 月 14 日，作者家院里的李子树上

细腹食蚜蝇
属食蚜蝇科。也喜欢穿梭在花间采集花粉。外形与蜜蜂相似，但尾巴上没有螫针。
8 mm，4 ～ 9 月

石蛾

Caddisfly

一生：卵—幼虫—蛹—成虫
栖息地：水边
食物：植物汁液、花蜜等
分类：昆虫纲毛翅目

石蛾长得很像小型蛾子。成虫多以植物汁液和花蜜为食。交配后会很快死去。

石蛾的幼虫会在水底建巢。它会搜集水中的小石头、树枝、落叶，用口中分泌的丝线把它们粘在一起。然后，它会突然将头伸到巢外捕食小虫，或啃食掉落在水中的落叶。石蛾还可以做鱼饵。

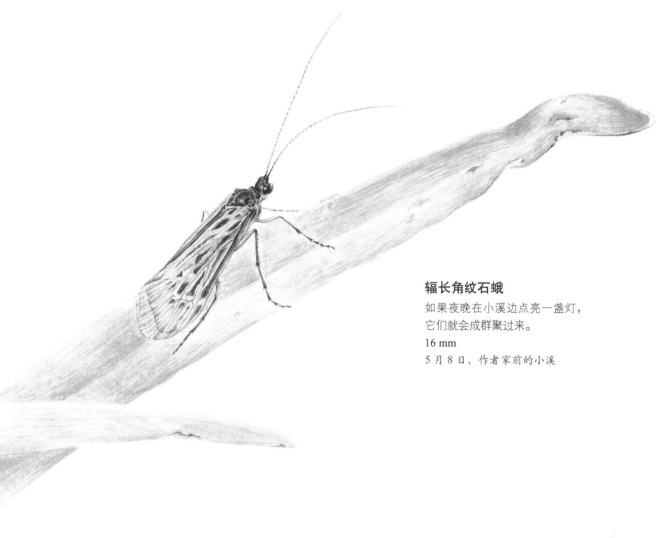

辐长角纹石蛾
如果夜晚在小溪边点亮一盏灯，它们就会成群聚过来。
16 mm
5月8日，作者家前的小溪

亮斑趋石蛾
前翅有深栗色的斑纹。翅膀很大，外形看起来像蝴蝶。
21 mm，6～8月

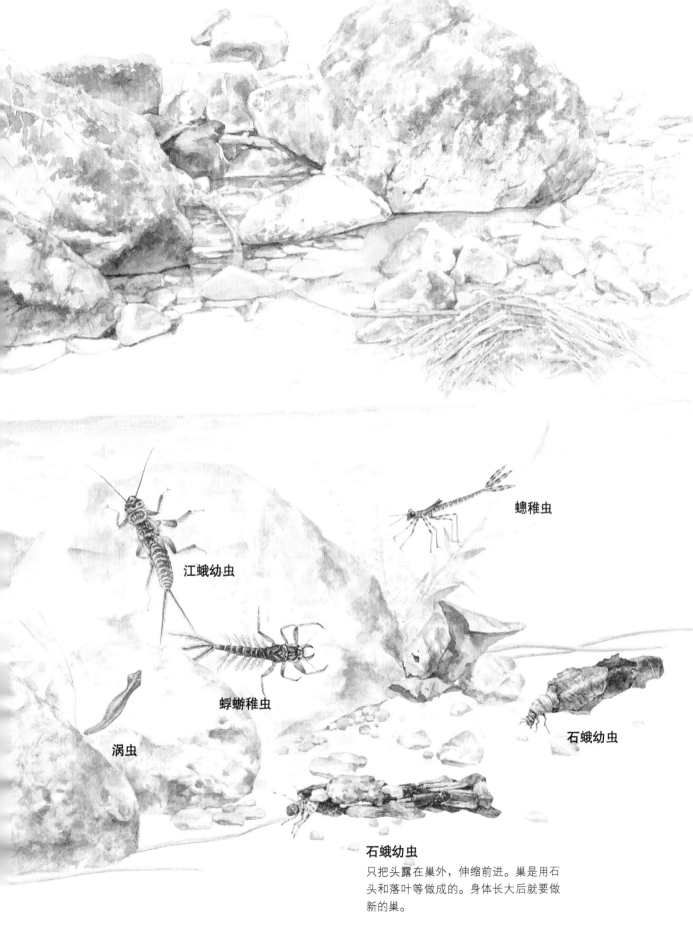

螁稚虫

江蛾幼虫

蜉蝣稚虫

涡虫

石蛾幼虫

石蛾幼虫
只把头露在巢外，伸缩前进。巢是用石
头和落叶等做成的。身体长大后就要做
新的巢。

蝴蝶

Butterfly

一生：卵—幼虫—蛹—成虫
栖息地：田地、野外
食物：花蜜等
分类：昆虫纲鳞翅目

蝴蝶翅上的花纹很美。如果用手去捻蝴蝶的翅，会发现上面沾满了粉末。把蝴蝶的翅放到显微镜下，可以看到粉末像瓦片一样一层层叠在翅膀上。蝴蝶的口器像一根细长的管子。落到花朵上时它会先用前足品尝味道，然后再用口器吸食。

菜粉蝶多见于白菜地里。柑橘凤蝶常见于橘树上。

麝凤蝶
散发麝香的味道。翅色黑且半透明。
90 mm，5 ~ 9 月

柑橘凤蝶
翅膀上有与虎斑相似的花纹。山上多见。
80 mm
7 月 18 日，作者邻居家的花园里

蓝灰蝶
初夏时白色的花上最多见。
25 mm，5 ~ 10 月

菜粉蝶
白菜地与萝卜地里最常见。喜欢黄色和蓝色的花。
40 mm，3 ~ 10 月

豹弄蝶
山中常见。飞舞的姿势展又活泼。
28 mm，6 ~ 8 月

橘树叶上的柑橘凤蝶幼虫从卵中孵化，只有芝麻粒大。

蜕过 3 次皮。这时的蝴蝶幼虫看起来像鸟粪一样。

翅膀完全干透后扑棱棱地飞起来。

再蜕一层皮后，草绿色的虫子钻出来了。幼虫感觉到威胁时会伸出两只黄色的角。

柑橘凤蝶从蛹中钻出来。

化蛹。如果天凉下来，要经过一整个冬天，来年入夏 2 周后羽化。

飞蛾

Moth

一生：卵—幼虫—蛹—成虫
栖息地：田地、野外
食物：花蜜、树汁等
分类：昆虫纲鳞翅目

飞蛾多在夜晚活动，所以也叫"夜蝴蝶"。它们白天会停留在树干或树叶上休息，也常出现在建筑物的天花板和墙上。虽然外形与蝴蝶相似，但颜色通常更单调，因为晚上色彩辨识度差。但是飞蛾的嗅觉特别灵敏。

飞蛾幼虫以植物为食。松毛虫是枯叶蛾的幼虫，以松针为食。洋辣子是刺蛾的幼虫，常见于柿子树上。

黄褐箩纹蛾
身体较粗，翅较大，有一圈圈水波样的花纹。
100 mm
7 月 20 日，作者家的庭院中

飞蛾与蝴蝶有很多不同之处。
一般来说，飞蛾的身体比蝴蝶粗，翅膀更短。
飞蛾在休息时翅膀通常是张开的，而蝴蝶通常是叠在一起的。
它们的触角也不一样。

飞蛾的触角通常像羽毛。　　　　　蝴蝶的触角通常呈棒状。

榆绿天蛾

翅膀薄且行动敏捷。起飞
之前先扑棱棱扇动翅膀。

70 mm，5 ~ 6 月

长尾水青蛾

飘逸飞舞的样子像仙女一样。
会像蚕一样吐丝做茧。

78 mm，5 ~ 8 月

枯叶蛾

颜色像枯叶一样，停在树上
时很难被发现。

100 mm，7 ~ 9 月

旋目夜蛾

翅上的花纹好似猫头鹰的眼睛，
鸟儿见到时也会吓一跳。

98 mm，5 ~ 8 月

蚊子

Mosquito

一生：卵—幼虫—蛹—成虫
栖息地：广泛分布于人居环境中及野外
食物：动物的血、植物汁液
分类：昆虫纲双翅目蚊科

蚊子会叮人，被蚊子叮过的地方会发痒。蚊子也会传播脑炎和疟疾等疾病。蚊子的触角对二氧化碳十分敏感，可帮助其锁定目标。吸血的蚊子都是雌性，因为它们需要更多养分来产卵。雄性蚊子只吸食植物的汁液。

近些年冬天也有蚊子出现。它们常生活在温暖的公寓底层，然后乘电梯进入人家。

库蚊
嘴又细又长，可穿透皮肤吸血。
4.5 mm
7 月 28 日，作者家的地板上

伊蚊
个头很小，颜色较黑。
3 mm，4 ～ 11 月

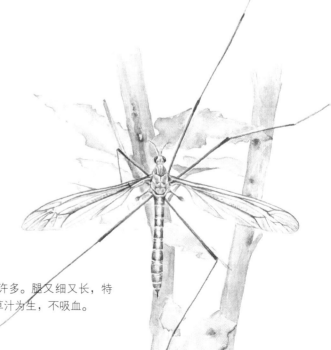

大蚊
与蚊子很像，但要大许多。腿又细又长，特别容易折断。以吸食草汁为生，不吸血。
16 mm，4 ～ 5 月

蚊子喜欢叮孩子。燃烧艾草或者
点上蚊香可以驱赶蚊子。放一块
桂皮在口袋里，蚊子也会远离。

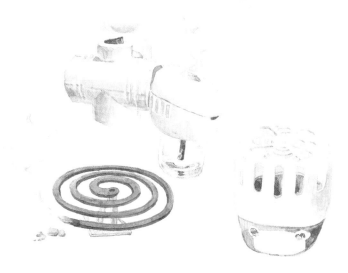

苍蝇

Fly

一生：卵—幼虫—蛹—成虫
栖息地：广泛分布于人居环境中及野外
食物：花蜜、植物汁液、动物粪便等
分类：昆虫纲双翅目蝇科

夏天总是有很多苍蝇。苍蝇足上的细绒毛可以帮助它们附着在墙上或天花板上，两只前足互相揉搓时是在清理粘在足上的灰尘。

苍蝇喜欢吃腐坏的东西和脏东西。在吃过动物的粪便或尸体后，它们又落到人们的食物上，所以容易传播疾病。

麻蝇
体形较大，有花纹。雌性在粪便或尸体上产卵。
8 mm
7 月 16 日，作者家的地板上

夏天苍蝇落在酱缸上，很快就生满了蛆虫。

蛆变成蛹。

成虫从蛹中钻出。

中华盗虻

能迅速抓住猎物，向猎物体内注入消化液后再吸食其体液。

28 mm，7 ~ 8 月

果蝇

体形特别小。夏天如果放些果皮在屋内，很快就会招来几只。

3.5 mm，全年可见

与蝇相似的其他昆虫

粪蝇

身体颜色像粪便一样呈黄褐色。雌性在动物的粪便上产卵。

10 mm，4 ~ 10 月

据说挂一个水袋，苍蝇会被水袋上映出的自己的样子吓到而逃跑。

苍蝇如果落在粘蝇带上，会被粘住而动弹不得。

寄蝇

常寄生于其他昆虫的幼虫或成虫体内。

15 mm，4 ~ 10 月

在家附近找找看

昆虫也是地球的主人。它们在地球上生存的历史比人类久远很多。单是地球上蚂蚁的数量就远远超过人类。我们的家附近都生活着哪些昆虫呢?

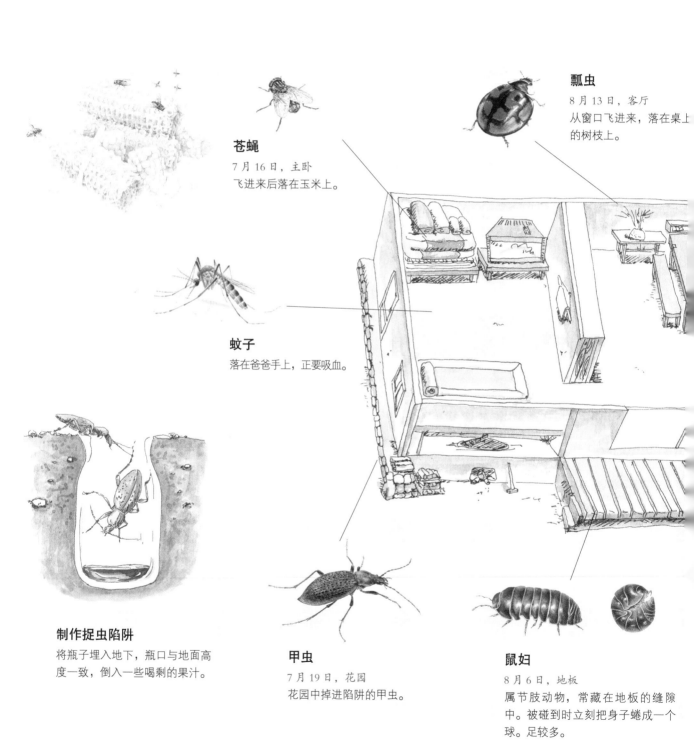

苍蝇
7月16日,主卧
飞进来后落在玉米上。

瓢虫
8月13日,客厅
从窗口飞进来,落在桌上的树枝上。

蚊子
落在爸爸手上,正要吸血。

制作捉虫陷阱
将瓶子埋入地下,瓶口与地面高度一致,倒入一些喝剩的果汁。

甲虫
7月19日,花园
花园中掉进陷阱的甲虫。

鼠妇
8月6日,地板
属节肢动物,常藏在地板的缝隙中。被碰到时立刻把身子蜷成一个球。足较多。

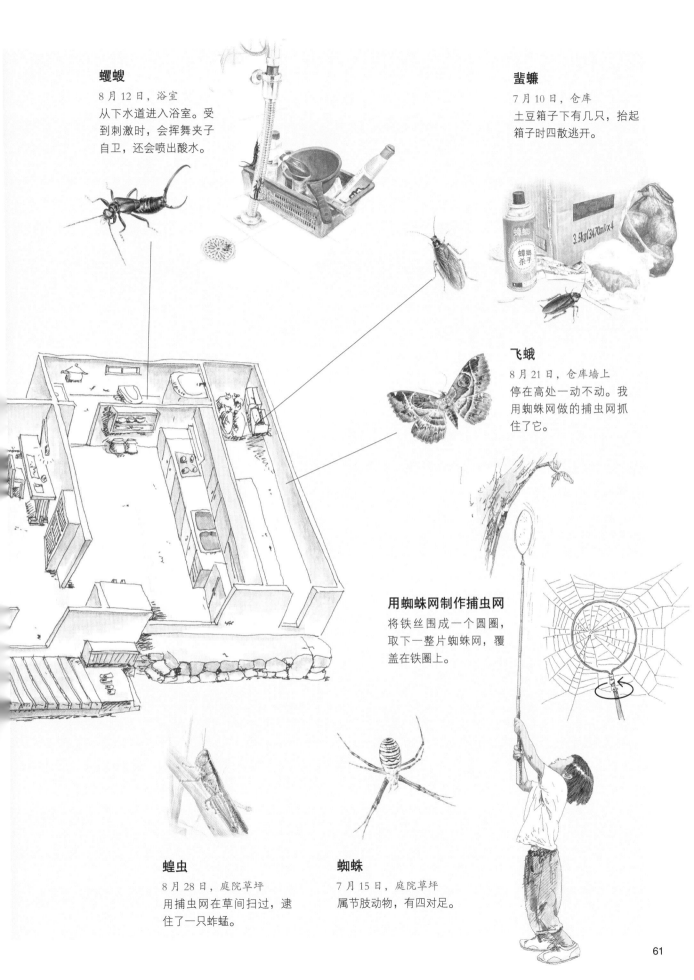

蠼螋

8月12日，浴室
从下水道进入浴室。受到刺激时，会挥舞夹子自卫，还会喷出酸水。

蜚蠊

7月10日，仓库
土豆箱子下有几只，抬起箱子时四散逃开。

飞蛾

8月21日，仓库墙上
停在高处一动不动。我用蜘蛛网做的捕虫网抓住了它。

用蜘蛛网制作捕虫网

将铁丝围成一个圆圈，取下一整片蜘蛛网，覆盖在铁圈上。

蝗虫

8月28日，庭院草坪
用捕虫网在草间扫过，逮住了一只蚱蜢。

蜘蛛

7月15日，庭院草坪
属节肢动物，有四对足。

61

与昆虫一起玩耍

在草丛里和山上能见到更多的昆虫。悄悄走过去，抓几只试试。看它们像捣杵一样点头，听它们扇翅时的声音。也可以对着它们写生。最后要记得放生哟。

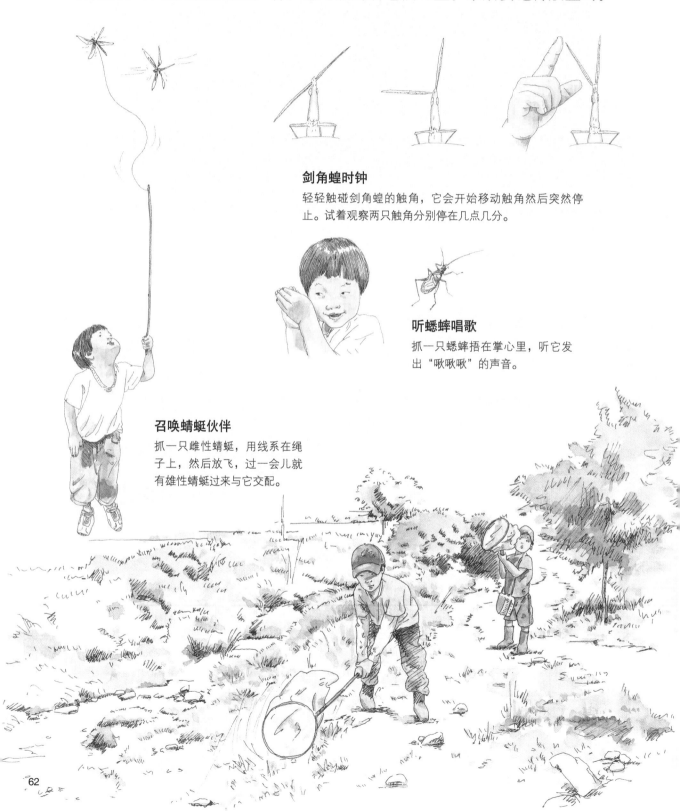

剑角蝗时钟
轻轻触碰剑角蝗的触角，它会开始移动触角然后突然停止。试着观察两只触角分别停在几点几分。

听蟋蟀唱歌
抓一只蟋蟀捂在掌心里，听它发出"啾啾啾"的声音。

召唤蜻蜓伙伴
抓一只雌性蜻蜓，用线系在绳子上，然后放飞，过一会儿就有雄性蜻蜓过来与它交配。

钓蟋蟀

剑角蝗点头

抓住剑角蝗的两条后腿，它就会像捣杵一样点头。

瓢虫跷跷板

瓢虫有喜欢往高处爬的习惯，所以跷跷板会因为瓢虫所在的位置不同而忽上忽下。玩累了它们会自己飞走。

萤火虫发光

萤火虫发光的部位不会烫手。夏天在溪水边可以捉到萤火虫。

我们来画昆虫吧！

观察日记

观察昆虫：蝴蝶

日期：2008 年 8 月 12 日

时间：下午 1 点

天气：晴朗、无云

地点：家门前的庭院

注意状态：无风、日照强烈

停留过的地方：百合花（一株高高的、大红色、花冠垂下的百合花）

用网捉来一只蝴蝶。担心破坏它的翅膀，只好用手指夹住它的肚子。后翅上有红色斑点。翅上的花纹特别漂亮。

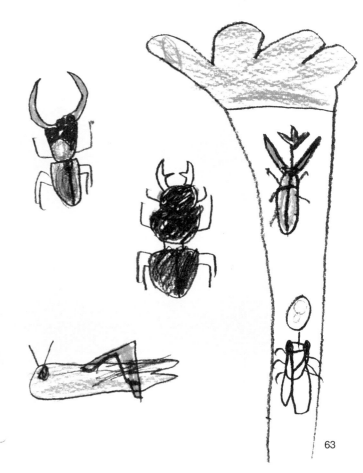

小心下面这些昆虫

昆虫中有一些很危险，比如有蜇人的蜜蜂、咬人的蚂蚁等。千万不要随便招惹这些小虫子。

吃甜瓜之类高甜度的水果时，如果有会蜇人的虫子飞来，要赶快将水果放下，不要动。

去森林里要穿长衣和长裤。不要穿蜜蜂喜欢的黄色。

千万不能碰胡蜂窝。蜂的使命是守护自己的家。万一不小心碰到，要以最快的速度逃离。如果大动作挥舞胳膊，会惊吓到胡蜂，所以逃跑时不要慌乱，要镇定。

逃离后护住脸，蜷起身体，脸朝下跪在地上。

被蜂蜇到时，
不要随便拔出毒针，应用信用卡一类薄片状物体把毒针从皮肤里推出来，然后用清水清口，用冷毛巾或冰块冷敷，再涂上药膏。如果全身出现皮疹或呼吸困难，应马上就医。

这是昆虫

昆虫是世界上数量最多的动物。地球上大约存在 150 多万种动物，其中昆虫就有 100 多万种。昆虫已经很好地适应了周围的环境。

昆虫的外表

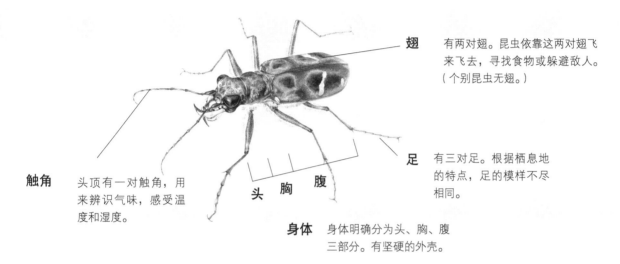

翅 有两对翅。昆虫依靠这两对翅飞来飞去，寻找食物或躲避敌人。（个别昆虫无翅。）

足 有三对足。根据栖息地的特点，足的模样不尽相同。

触角 头顶有一对触角，用来辨识气味，感受温度和湿度。

头 胸 腹

身体 身体明确分为头、胸、腹三部分。有坚硬的外壳。

昆虫的一生

完全变态发育

卵　　　　幼虫　　　　蛹　　　　成虫

昆虫经历卵、幼虫、蛹到成为成虫的过程叫作完全变态发育。蝴蝶、甲虫、蜜蜂都要经历这样的过程。

不完全变态发育

卵　　　　若虫/稚虫　　　　成虫

不需化蛹的成长过程叫作不完全变态发育，通常昆虫在最后一次蜕皮后会长出翅。蜻蜓、蚱蜢都属于不完全变态昆虫。

作者简介

著者　金泰佑

昆虫学博士，从小就对昆虫有浓厚的兴趣。在韩国建国大学学习过生物后，他又在韩国诚信女子大学学习昆虫相关的知识。为研究昆虫，他走遍了韩国的山川、溪流、田野和江海。现在在韩国国立生物资源馆从事与昆虫相关的研究。著有《惊人的昆虫世界》《向神奇的昆虫世界出发》等作品。

绘者　李在恩

曾就读于韩国中央大学西洋画专业。现在在韩国洪川与昆虫近距离生活在一起，同时为少儿书刊创作插画。为《蚂蚁》《萤火虫》《我喜欢的蔬菜》画过插图。